演说之禅

幻灯片设计与呈现的艺术

|原书第3版|

[美] 加尔·雷纳德 ◎著
（Garr Reynolds）

钱嘉文 ◎译

Presentation Zen

Simple Ideas on Presentation Design and Delivery
Third Edition

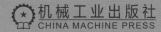

机械工业出版社
CHINA MACHINE PRESS

本书中文简体字版由 Pearson Education（培生教育出版集团）授权机械工业出版社在中国大陆地区（不包括香港、澳门特别行政区及台湾地区）独家出版发行。未经出版者书面许可，不得以任何方式抄袭、复制或节录本书中的任何部分。

本书封底贴有 Pearson Education（培生教育出版集团）激光防伪标签，无标签者不得销售。

北京市版权局著作权合同登记　图字：01-2023-4284 号。

图书在版编目（CIP）数据

演说之禅：幻灯片设计与呈现的艺术：原书第 3 版 /（美）加尔·雷纳德（Garr Reynolds）著；钱嘉文译 .

北京：机械工业出版社，2024.9. -- ISBN 978-7-111-76187-7

I. TP391.412

中国国家版本馆 CIP 数据核字第 202494GN94 号

机械工业出版社（北京市百万庄大街 22 号　邮政编码 100037）

策划编辑：王　颖　　　　　　　　责任编辑：王　颖　　舒　宜
责任校对：贾海霞　　张　征　　责任印制：任维东

北京瑞禾彩色印刷有限公司印刷

2024 年 10 月第 1 版第 1 次印刷

185mm × 205mm · 12.5 印张 · 243 千字

标准书号：ISBN 978-7-111-76187-7

定价：129.00 元

电话服务

客服电话：010-88361066
　　　　　010-88379833
　　　　　010-68326294

封底无防伪标均为盗版

网络服务

机 工 官 网：www.cmpbook.com
机 工 官 博：weibo.com/cmp1952
金 书 网：www.golden-book.com
机工教育服务网：www.cmpedu.com

"那些看起来很薄的书籍，往往有巨大的影响力。例如斯特伦克（Strunk）和怀特（White）的 *Proper English* 和用于普及会议议事规则的《罗伯特议事规则》（*Robert's Rules of Order*），这两本书虽都短小精悍，但具有深远的影响。本书具有同样的价值，它可以帮助你打动观众。拥有这本出色的指南，你能够获得打造简单明了的信息的本领。加尔·雷纳德在本书中向我们展示了技巧和示例，这与他倡导的理念完全契合。"

——瑞克·布雷奇斯奈德（Ric Bretschneider），

微软 PowerPoint 开发团队高级项目经理

"对于饱受糟糕演讲折磨的观众来说，加尔·雷纳德的这本书像是一座充满希望的灯塔。他的设计理念和基本原则为演示信息注入了生命，也能为大家的职业生涯注入活力。他的简约原则最大限度地限制了鼠标的使用，是一次探索演示灵魂的旅程。"

——南西·杜尔特（Nancy Duarte），

杜尔特有限公司负责人，著有 *Resonate* 和 *Data Story*

"《演说之禅》改变了我和客户的生活。作为一名沟通专家，我一直在寻找一种方法，以创作既支持叙事又不分散观众注意力的可视化内容。加尔·雷纳德在书中阐述的理念和方法，能够帮助你更好地激发观众的兴趣和求知欲。你的下一场演示必定需要它！"

——卡迈恩·加洛（Carmine Gallo），

著有 *The Presentation Secrets of Steve Jobs* 和 *Talk Like TED*

"加尔·雷纳德在演讲的力量方面开创了新的思维方式，更重要的是，他教会了整整一代演讲者如何做得更好。千万不要错过这本书。"

——**赛斯·高汀**（Seth Godin），

传奇演讲家，著有 *This is Marketing*

"如果你在乎每一场演讲的质量，那你应该拿起这本书，细读每一页，感受书中的智慧。这本书的确是一部经典之作。"

——**丹尼尔·H. 平克**（Daniel H. Pink），

著有 *Drive* 和 *A Whole New Mind*

"加尔·雷纳德的这本书彻底改变了演讲领域的沟通方式并产生了巨大的影响。原本松散、陈旧和乏味的演讲变得敏锐、活泼，甚至有趣。在经历了数百万次迭代之后，演讲的世界已经准备好迎接下一次的革新——恰好正当我们最需要新思维的时候，加尔·雷纳德再次施展了魔法。"

——**丹·罗姆**（Dan Roam），

著有 *Draw To Win* 和 *The Back of the Napkin*

译者序

作为一种沟通艺术，演讲在我们的生活中始终扮演着重要的角色。无论是商业领域的交流，还是学术界的探讨，有效的演讲技巧都是连接思想、传递信息的关键。本书为我们提供了一种全新的视角，使我们能够重新审视并提升自己的演说能力。

本书阐述了演讲的本质是情感的交流，而非单纯的信息传递。本书鼓励演讲者使用故事来构建演说的框架，因为故事能够激发听众的想象力、形成记忆点，从而提升演讲的影响力。同时，本书还强调了视觉辅助工具的重要性，认为恰到好处的视觉元素可以极大地增强信息的传达效果。

在阅读本书的过程中，你会感受到作者对于"禅"的独特诠释。这里的"禅"并非宗教意义上的禅宗，而是一种追求简约、清晰和直接表达的哲学。它倡导演讲者要去除不必要的装饰，专注于传达核心信息，以实现与听众的心灵沟通。

本书不仅适合经常公开演讲的专业人士阅读，同样也适合任何希望提升沟通能力的人士阅读。无论你是企业高层、普通上班族，还是学生、教师，都能从本书中获得宝贵的启示。

希望你在阅读本书后，能够获得启发，学会如何通过演讲来更好地表达自己、如何通过故事来打动人心，以及如何在演讲中找到自己的声音。让我们一起探索演说艺术更大的可能性，让每一次演讲都成为一次心灵的交流。

推荐序

　　因为这是一本关于如何更好地运用视觉元素进行演示的书，所以我认为用幻灯片的形式呈现这本书的推荐序是非常合适的。据我所知，这是首次在一本书中将推荐序以一系列演示幻灯片的形式呈现出来。好的幻灯片应该能够增强现场演讲效果，而不是在没有演讲者的情况下讲述整个故事。我想你可以理解我的观点。如果我要就"为什么你应该购买这本书？"进行现场演讲，那么我会呈现出如下的幻灯片。

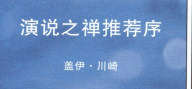

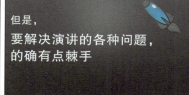

盖伊·川崎（Guy Kawasaki）

Wise Guy：*Lessons from a Life* 作者

Canva 首席宣传官

苹果前首席宣传官

致　谢

这本书的面世离不开众多友人的帮助和支持。在这里我要感谢他们对本书的贡献和对我的鼓励。

特别感谢 Guy Kawasaki 为此书写的推荐序。

感谢培生教育出版集团的 Laura Norman 鼓励我写第 3 版，感谢本书的编辑 Victor Gavenda 和 Linda Laflamme，Tracey Croom 及制作团队，以及 David Van Ness 和 Becky Chapman-Winter。

感谢 Nancy 和 Mark Duarte 以及硅谷 Duarte, Inc. 的杰出员工多年来的支持。

感谢书中的众多贡献者，包括 Seth Godin、Dr. Ross Fisher、Jon Schwabish、Gihan Perera、Masayoshi Takahashi、Sunni Brown、Clement Cazalot、Markuz Wernli Saito 和 Dr. Andreas Eenfeldt。同时感谢巴黎的 Phil Waknell 和 Pierre Morsa，以及斯德哥尔摩的 Gapminder 基金会。

感谢 David S. Rose、Daniel Pink、Dan Heath、Rick Heath、Rosamund Zander、Jim Quirk、Dan Roam、Carmine Galloand、Debbie Thorn、CZ Robertson、Ric Bretschneider、Howard Cooperstein 和 Deryn Verity 提供的有启发性的建议和内容。感谢在俄勒冈海岸的 Brian 和 Leslie Cameron、Mark 和 Liz Reynolds，以及 Matt 和 Sheryl Sandvik Reynolds。

感谢在日本的 Shigeki Yamamoto、Tom Perry、Darren Saunders、Daniel Rodriguez、Nathan Bryan、Jay Klaphake、Jiri Mestecky 和 Stephen Zurcher。

　　我还要感谢本书的所有读者和这些年来与我联系并分享他们的故事和例子的朋友，尤其是澳大利亚的 Les Posen。

　　当然，给我最大帮助的是我的妻子，她总是给予我理解和支持，她是我灵感的源泉。

目 录

引　言

简单是一种极致的复杂。

——列奥纳多·达·芬奇（Leonardo da Vinci）

第 1 章

现代的演讲

在东京做了成功的演讲后，我带着我的便当（在车站售卖的一种特殊的日本盒饭）和一瓶绿茶，搭上了下午 5 点 03 分开往大阪的列车。对我来说，典型的日本体验就是一边用筷子品尝传统美食、品味日本茶，一边坐在先进的列车上快速穿越日本乡村，透过宽敞的侧窗，我能看到寺庙、神社，甚至富士山。这种新旧交错的美妙对比，让我觉得一天的结束如此美好。

在我享用便当的时候，瞥见过道那边的一位日本商人，他正若有所思地研究着一叠打印出来的幻灯片。他一页接一页地翻看，每页两张幻灯片，每张幻灯片都塞满了各色各样的文字，没有留下任何空白。除了每张幻灯片顶部的公司标志，整个打印出来的幻灯片没有其他的图案，有的只是一页又一页的文字、标题。

这些幻灯片会不会是某个现场演讲的视觉辅助工具呢？如果是的话，我真为观众感到难受。毕竟，观众很难一边阅读，一边听别人讲话。或者，这些幻灯片只是用演示软件打印出来的文件吗？如果是的话，我为作者和读者感到遗憾，因为演示软件并不是一个好的文档创建工具。充满文字和公司标志的方框，怎么看都不像一份好的讲义或报告。

我面前这个精心设计、美观而方便的日本便当，里面一点多余的东西都没有，它与过道那边那些打印出来的难以理解、设计糟糕的幻灯片相比，在内容呈现上的对比真是太明显了，简直是天壤之别。我们的现场演讲设计和技术演示，为何不借鉴一下日本便当的理念呢？比如，在这个便当中，适量的食物被"优雅"地放在最恰当的地方。整个便当简洁、美观，没有一点多余，也没有一样缺失，完全保持了一种平衡的状态。它并不花里胡哨，但设计得恰到好处。所以它看起来很美，实际上也很美味。这简直是消磨20分钟的最好方式。想想看，最后一次看到一份能让你有同样感觉的幻灯片演示是什么时候？

你可能觉得美味的日本便当和幻灯片演示没什么关系。但就在多年前，我乘坐着高速列车飞驰在日本的那个瞬间，我意识到：我们得做点什么，来终结那些糟糕的幻灯片和无趣的叙述所带来的困扰，而我就是能出一份力的那个人。日本和世界上的其他地方一样，职场人每天都在忍受那些设计糟糕的幻灯片演示，这些幻灯片演示的作用通常是弊大于利。它不仅让人心烦，而且效果也不好。我意识到，如果我能帮助他人从一个新的角度来看待"幻灯片演示"的准备、设计和呈现，或许我就能尽一份微薄之力，帮助他们更有效地进行沟通。就在那个时刻，我坐在高速列车上开始着手写这本书的第一版。我开始在 Presentation Zen 网站（www.presentationzen.com）上分享我的想法，这个网站后来成为全球最受欢迎的演示设计网站。

这本书有以下几个部分：引言、准备篇、设计篇、呈现篇和展望篇。我会分享一些原则和概念、灵感和实用的例子，甚至会给你看看那个启发我写这本书的便当盒的照片。

演讲与禅宗

别误会，这本书并不是在讲禅宗，它讲的是如何更好地进行交流，以及用一种更符合我们现代生活方式的新视角去看待演讲。尽管我在书中多次提到禅宗和禅艺，但这些提及更多的是作为比喻，而并非要从字面上讲解禅宗的含义。说实话，禅宗的传统或实践跟我们当今的演讲艺术没什么直接的关系。但在我们的工作活动中，特别是职业交流中，我们确实可以从禅宗中汲取相同的精神。也就是说，禅宗中关于美学、正念、连通性等诸多原则的精髓或精神，是可以应用到我们日常生活中的，当然也包括演讲。

假如你是个追求觉悟和突破的学生，你的老师可能会告诉你，要清醒地看到生活是不完美的，它存在各种不协调或者失衡。换句话说，要认识到生活中因为"失衡"所带来的痛苦。这种"失衡"实际上是我们过分执着于一些并不重要的事物而造成的。同理，要想创作和设计一场精彩的演讲，我们首先要深刻地认识到，现在被大多数人视为标准化的演讲方式，其实是与人们实际的学习和交流方式脱节的。

当然，现实生活中有很多不同的情况，但我们都有过这样的经验：无论是在职场还是在学校，演讲或多或少会给观众和演讲者带来痛苦的体验。如果我们想要更清晰、真诚、优雅和明智地跟观众交流，我们就得在"正确的演讲方式"上有所突破，走向一条与众不同的、更有效的道路。在整个演讲过程中，我始终坚守的原则是：克制、简约和自然，即克制地准备，简约地设计，自然地表达。守好这三个原则，不仅能让演讲者对整场演讲的内容和主旨了如指掌，更能让台下的观众轻而易举地听懂你的一字一句。

从许多方面来看，自亚里士多德时代（大约 2300 年前），或者从 20 世纪 30 年代戴尔·卡耐基提出基本建议（即戴尔·卡耐基所写的《人性的弱点》里提到的建议）开始，演讲的基本原则其实没有太大变化。然而，那些看似常识的演讲建议却未被广泛应用。因此，"演说之禅"的理念是挑战如今人们对于演讲（特别是使用幻灯片进行的演讲）的传统观念，并鼓励人们从新的角度去思考演讲的设计和表达方式。

这是一种理念，不是方法

这本书谈的是"演说之禅"是一种理念，而不是方法。方法意味着一种逐步、系统、有计划以及线性的操作过程，就像你随手在书架上拿出一本教学书籍，然后按书中的方法一步一步做就能成功一样。然而，作为一种理念，"演说之禅"更像是一条道路、一种方向、一种思考模式，甚至可能是一种哲学，但它不是一种每个人都必须以同样方式遵循的规则。没有"万能药"可以完美改善你的演讲，这本书也不能替你完成一场成功的演讲。能不能成功取决于你自己以及你当时独特的情况。但我可以为你提供一些指导和思路，这些可能会颠覆你对如何制作幻灯片和进行现场演示的传统认知。

禅宗本身是一种对生活的理念，一种存在的方式，而不是一套每个人都必须遵循的规则或教条。实际上，获得启发的方式有很多，禅宗的核心在于个人的洞察力和认知力。同时，禅宗注重实用性，并且关注的是此时此刻。而这种实用性和对当下的关注，也是我们在演讲时应有的态度。因此，这本书的目标是帮助职场人摆脱制作和展示演示文稿的困扰，让他们以一种更简单、更直观、更自然和更有意义的方式来看待演示文稿。

具体问题具体分析

并不是所有的演讲场合都适合使用多媒体（如幻灯片）。例如，如果你的听众人数较少，而且要讨论数据密集的材料，那么将材料或者讲义发放给听众并进行讨论会更加合适。在很多情况下，白板、翻页图表或者带有详细图表的纸质材料会是更好的辅助工具。所以，我们要具体问题具体分析，本书的讨论主要是针对那些多媒体［即使用 PowerPoint（PPT）或者 Keynote 制作幻灯片的］演讲，但不管你最后是否用到幻灯片，书里的很多原则和方法都可以帮你提高演讲的质量。

这本书不会直接教你使用软件工具。然而，通过牢记克制、简约和自然的原则，你可以利用这里学到的理念设计出更适合特定场合的演示效果。当涉及软件功能时，我认为难点不是学到更多，而是忽略更多，这样你才能专注于重要的原则和技巧。在这里，软件技术并不是我们最主要的关注点。

"演说之禅"同样适用于白板演讲。只要你做好充分的准备，让内容变得可视化，然后与观众互动，那就成功了。

禅学学者铃木大拙（Daisetz T. Suzuki）在谈到剑术大师小田切一云（Odagiri Ichiun）的技艺时说："艺术的第一原则就是不能过于依赖技巧。大多数剑士过于看重技巧，有时甚至把它当成了首要的关注点。"然而，许多演讲者在准备演讲和正式演讲时，过于关注软件和它的各种功能，结果往往是演示的视觉效果混乱，演讲内容也无法吸引观众的注意力，难以给人留下深刻的印象。

当然，了解软件的基础知识很重要，懂得演讲的技巧和"应该做什么""不应该做什么"也是必要的。但是，演讲的艺术并不只是关于技巧。演讲的艺术超越了技巧，它能够使演讲者消除与观众之间的隔阂，与观众建立联系，让演讲者能够在每一个关键的时间节点给观众提供信息，打动观众。

对于大型演讲，可以非常有效地放大我们的信息，但与观众建立联系和引起听众的参与仍至关重要。

当下的演讲

或许我们感觉使用幻灯片进行演示已经伴随我们很久了，但事实上，幻灯片演示在三十多年前才开始被广泛使用。1987 年，为了能在 Mac 系统上展示演示文稿，Robert Gaskins 和 Dennis Austin 在硅谷创造了 PowerPoint 1.0。这个工具的出现让当时的人们眼前一亮，而且该工具在职场中非常实用。同年，他们就把这款软件卖给了微软。于是 Windows 版本的 PowerPoint 面世，从此，演讲的世界就不再和以前一样了。正如畅销书作家 Seth Godin 在他 2001 年出版的电子书《真正糟糕的 PowerPoint》（那一年最畅销的电子书）中所说："PowerPoint 本应是你电脑上最强大的软件，但并非如此。实际上它是彻头彻尾的失败品，几乎所有的 PowerPoint 演示都令人讨厌。"

多年来，有很多依赖幻灯片或其他多媒体辅助的演讲都惨淡收场，主要原因是幻灯片在演讲中只充当了大量文本的容器。根据 John Sweller 在 20 世纪 80 年代提出的认知负荷理论，如果信息以口头和书面形式同时呈现，要同时处理这些信息就会更加困难。观众无法同时阅读和倾听，因此，我们必须避免在演示中使用大量文本。多媒体应当展示视觉信息，包括数据的可视化，对于这种信息，观众是可以做到一边听讲一边消化的。

我们都知道，如果只有 20 分钟的演讲时间，使用满屏的文字是不可行的。那我们要不要选择保持沉默，让人们自行阅读幻灯片呢？但这又引出另一个问题：你为什么在那里？一场好的口头演讲和一份做得好的幻灯片（演讲）是不一样的，试图强行将它们融合在一起，会导致演讲和幻灯片都无法发挥出最好的效果，我会在这本书之后的部分解释这一点。

我们的路还很长

虽然多年来，演示软件不断发展，但是演示本身未必随之进步。现在每天都有成千上万的演讲借助 PowerPoint、Keynote，或者其他优秀的云应用进行。然而，无论对于演讲者还是观众来说，要么需要忍受大多数演示的单调乏味，要么为了过度的设计和动画感到心烦。要知道，过多的动态效果会分散观众对精心研究的内容的注意力。通常情况下，一场演讲的效果不佳，并不是因为演讲者缺乏才智或创造力，而是因为他们养成了不良习惯，不知道应该如何打造一场出色的演示。

随着数字技术的发展，演示技巧也产生了变化，但是演示的基本原则与过去基本相同。无论你使用什么软件，哪怕你根本不使用任何数字工具，克制、简约和自然的原则仍然是关键。无论我们在演讲中使用了多少工具，首要的目标始终是使用这些工具和技术来清晰、简约地传达信息，并强化演讲者与听众之间的联系。新颖的工具和技术可以很好地放大和传达信息，但我们必须谨慎地使用这些新工具，利用它们将信息自然、简约地传达给观众，否则它们将成为演讲者与观众之间的"一堵墙"。

无论未来的科技如何日新月异，新的演示软件增加了多少功能和效果，演示的核心都不会改变。演示软件只有在使信息变得更清晰、更难忘，并且能加强人与人之间的联系（即沟通的本质）时，才能算是有用的工具。如果使用得当，多媒体工具就能在我们的演示中发挥最大的效果。

演讲时代

如今，能够站在台上发表一场强有力的演讲，并吸引每一位观众全身心投入，比任何时候都为重要。有人将我们的时代称为"演讲时代"。之所以激情满溢、清晰直观的演讲在今天比以往任何时候都更重要，是因为我们的演讲可以得到广泛传播，这在很大程度上归功于在线视频的强大力量。你的言辞和视觉表现能被轻松且低成本地以高清视频的形式记录下来，并可在全世界范围内播放。你的发言或演讲有着改变事物的潜力，毫不夸张地说，甚至可能改变世界，这种影响力远远超出了你所说的内容。文字当然重要，但如果一切只停留在文字层面，那么我们只需要制作一份详细的文件，发布出去就好了。然而，一场有效的演讲能释放出文字背后的强大力量。

2010 年，在英国牛津举行的 TED 全球大会上，TED 策展人克里斯·安德森（Chris

Anderson）在谈到在线视频在传播创新思想方面的力量时，强调了面对面沟通和演讲对于变革的巨大作用。安德森指出，虽然阅读能够更快地获取信息，但所获取的信息往往缺乏必要的深度和丰富性。演讲的有效性在很大程度上取决于其视觉冲击力和呈现的内容。即便是在网上发布的录播演讲，其视觉效果、结构和讲述的故事也是引人注目的元素。正如安德森所说，演讲的含义更深远："在交流中传递的信息远不只是文字那么简单。在非语言的部分，存在着许多奇妙的元素。这些元素深藏在身体动作、语音节奏、面部表情、视线交汇，以及演讲者的激情之中。并将影响交流中对信息的理解，以及是否受到启发。"

安德森表示，我们的大脑就是为面对面的交流而设计的。"面对面的交流历经了数百万年的进化和发展，具有神秘而强大的力量。当一个人说话时，所有听众的大脑中都会产生共鸣，然后，整个群体就会做出一致的行动。就是这种面对面交流所蕴含的驱动力，促进了我们的文化不断向前发展。"

提高标准，让自己脱颖而出

像 TED 这样的组织，以及独立的 TEDx 活动，已经证明了精心策划、妙趣横生的演讲可以起到教育、说服和激励人们的作用。在演讲领域，我们已经取得了很大的进步，但是总体而言，商业和学术界的大部分演讲仍然单调乏味，它们大都无法吸引观众，即使演讲内容可能非常重要。

就目前来说，人们对于演讲，特别是那些依赖多媒体辅助的演讲，评判其质量的标准仍然处于较低的水平。但这或许不是坏事，实际上，这是一个机会，是你展现个性、脱颖而出的大好机遇。如果你手中握有值得分享的重要想法和知识，那就不要再犹豫了。纵观当前全球范围内有创意的成功公司和组织，它们往往都鼓励拥有创新思维的人。基于这种情况，你可以大胆地展示你的作品或者独特见解。生命短暂，如果你希望改变一些事情，包括你自己的职业生涯走向，那么展示自我和想法就显得至关重要。所以，为什么不试试让自己变得与众不同，从而脱颖而出呢？

看看观众的表情，说明演讲者和演讲内容没有引起观众的兴趣和共鸣。

观众对演讲者和演讲内容产生了强烈的共鸣。

"概念时代"下的演讲

丹尼尔·平克（Daniel H. Pink）的畅销书《全新思维》（*A Whole New Mind*）是我最喜欢的书籍之一。这本书首次出版于 2006 年，但它的理念直到今天仍然相当实用。《全新思维》为"演说之禅"设立了时代背景，这个时代被平克和其他作者称为"概念时代"，在这个时代，"强接触""高概念"技能显得尤为重要。平克说："设计师、发明家、教师和善于讲故事的人擅长用右脑思考问题，他们想象力丰富且善于站在他人的立场看待问题，正是这种能力决定一个人是否会获得进步和成功。"

在《全新思维》中，平克生动地描绘了当今职场人士所面临的危机和机遇。平克声称我们生活在一个崭新的时代，在这个时代，那些有着与众不同思维的人将比以往任何时候都更有价值。根据平克的说法，我们生活在一个由不同的思维方式和新的生活方式所激发的时代，"高概念"和"强接触"的能力在这个时代尤为重要。高概念涉及发现模式和机遇的能力，包括创造艺术和情感之美、编写巧妙故事的能力……

但是，平克并不是说在信息时代非常重要的逻辑和分析（所谓的"左脑推理"）在如今的概念时代不重要。事实上，逻辑思维和以往一样重要，仅仅依赖"右脑推理"的话，很多事情将无法顺利进行。上至国际空间站的正常运行，下至疾病的治愈，逻辑思维是这些事情顺利进行的必要条件。但是，单纯的逻辑思维并不足以保证个人和企业的成功。在某些情况下，右脑思维和左脑思维一样重要，甚至更重要。（人类左脑和右脑的差别只是一个基于生理差异所做的比喻，实际上，任何一个健康的人，在面对再简单的事情时都需要同时用到左脑和右脑。）

在《全新思维》中，特别有价值的是其中提到的"六感"，或者说六种"右脑主导的能力"。平克认为，我们生活在一个相互依赖、自动化和外包越来越常见的时代，这六种能力对于专业人士来说是非常必要的。

这六种能力包括设计（design）、故事（story）、整合（symphony）、共情（empathy）、幽默（play）和寓意（meaning）。在当今世界，掌握并灵活运用这些能力已经成为获得商业成功和实现个人成就的必要条件。接下来介绍的这些能力主要是以"用多媒体提升演示效果"为目的的，但你也可以将这六种能力应用于游戏设计、代码编程、产品设计、项目管理、医疗保健、教育、零售等领域。

设计

对许多职场人士来说，设计就像在蛋糕上涂上一层糖霜，这固然好看，但并非关键，起不到决定性的作用。在我看来，这样的设计不是真正的设计，只是一种装饰。无论装饰的好与坏，它总是显而易见的。有的装饰会让人赏心悦目，有的却会让人心生反感。但不管怎样，装饰是实实在在存在的。然而，一个成功的设计往往是"低调"的，人们甚至不会意识到它的存在，就像一本书的封面设计，或者机场指示牌的设计。我们关注的是设计是否有助于清晰准确地传递信息，而不是颜色搭配、字体选择、设计风格等。

设计应该从一开始就需要考虑，"事后诸葛亮"不可取。如果你要用幻灯片来进行演讲，那么在演讲稿准备阶段，甚至在你打开电脑之前就要着手幻灯片的设计和构思。在演讲的准备阶段，你要静下心来梳理演讲的主题、目标、关键信息和观众等问题。只有将这些问题梳理清楚，你才能想出好的创意，并通过接下来的幻灯片设计展现出来。

故事

现在，人们获得事实、信息或者数据的渠道可谓非常丰富——上网、发电子邮件，甚至邮递纸质文件都获取信息，这种便捷程度是过去不能比的。认知科学家马克·特纳（Mark Turner）将讲故事称为"叙述性想象"，这恰恰是一种重要的思考方式。我们都是天生的故事讲述者（和"故事听众"）。在孩提时，我们渴望展示自己和给别人讲故事，我们在课间和午餐时间与小伙伴聚在一起，其中一件重要的事情，就是讲述及聆听各自的精彩故事。

不知道从何时开始，"故事"渐渐变成了虚构甚至谎言的近义词。不管是故事本身，还是讲述故事，随着人们参与的减少，它们在商业领域和学术领域被慢慢地边缘化，被认为是严肃人士不会去做的事情。但是，从大学生告诉我的情况来看，那些能够讲述真实故事并给出真实例子的教授，他的教学效果往往是最好而且是最有效的。在学生的眼中，优秀的教授不只是照本宣科，他们会将自己的个性、性格和经验以讲故事的形式融入教学当中，让课程变得启发人心，也令人难忘。因此，好故事只要用得其所，都会有意想不到的效果，你可以将它用于教学、分享、启迪和真诚的劝诫。

整合

在信息时代，我们重视专注、专业和分析能力。但在概念时代，将表面上看起来毫无关系的碎片信息融合在一起，并将其清晰地呈现出来的能力更为重要，甚至会成为你脱颖而出的关键，而这种才能，平克将它称为"整合"。

优秀的演讲者能够阐明被忽视的关联，他们能看到"多重关系"。整合意味着用新的方式去观察各种信息之间的关系。在演讲中陈述大量的信息，并念一遍屏幕上呈现的信息，任何人都可以做到。但我们需要的是能够从大量信息中识别出规律，并擅长在复杂问题中看到细微差别和化繁为简的能力。在演讲中，整合并不等于将信息简化为大众媒体中广为流传的简短信息和观点，而是要调动我们的整个大脑，用逻辑梳理、数据分析、观点综合和直觉洞察等技能，来理解周遭事物（也就是我们的主题），从而找出全局的关系，确定要点，分清主次。因此，整合可以帮助我们确定什么部分需要重点展示、什么部分可以简化处理。

共情

共情其实就是让你站在别人的角度去思考问题。它要求你去理解他人非语言暗示的重要性，并且在演讲中发现这种非语言的暗示。举个例子，优秀的设计师能够把自己置身于使用者、客户或者观众的立场上思考设计的方方面面。这可能更多的是一种天赋，而不是一种可以通过学习获得的技能，但是每个人都可以在这方面有所提高。通过共情，演讲者能在一瞬间注意到观众是否真正理解了他的观点，并根据实际情况对接下来的演讲做出调整。

幽默

平克认为，在概念时代，我们不仅要严谨和认真地工作，也要懂得娱乐放松。尽管每一次的演讲场合都有所不同，但在许多公开场合的演讲中，轻松幽默的氛围可以让演讲更易于接受。当然，"幽默"并不意味着演讲者需要开玩笑或像小丑一样，而是指那种能让人会心一笑的经典幽默。在平克的书中，印度医生马丹·卡塔里亚（Madan Kataria）指出："很多人认为严肃的人更适合做商业，因为他们认为严肃的人更有责任心，但实际并不是这样，这种想法已经过时了，笑口常开的人才更有创造力，也能创造更多的价值。"

不知何时开始，我们被灌输了一种观念，那就是真正的商业演讲或学术报告就一定会枯燥无味，不会带有幽默成分，观众只能忍受，不能享受。如果需要使用幻灯片，那么幻灯片越复杂、越详细、越难看懂越好。这种观念在今天仍然很普遍，但我希望在未来，这种想法也会过时。

优秀的演讲者和教师会通过幽默的方式来激发观众的热情。

寓意

　　演讲是一个机会，一个可以改变你的社区、公司或学校，甚至改变世界的机会，尽管这个机会或者改变可能会很小。一场演讲失败，可能会让你受挫折，甚至给你的事业带来不小的打击。但如果演讲成功，你和你的观众都会获益匪浅，甚至有可能让你的事业蒸蒸日上。有些人认为我们生来就追求生命的意义，而活着就是为了展现自我，向他人分享我们认为重要的事物。假如你很幸运，你的工作正是你一直热爱的事业，那么你一定会热切期待和别人分享你的专业知识和故事。教授他人新知识，与他人分享自己认为重要的事物，从而引发更多的交流，这可能是你一生中最有意义的事了。

　　对于现在所谓的"枯燥至极的 PPT"演讲，观众虽然知道这种状态不好，但他们似乎忍气吞声、见怪不怪了。然而，如果你与众不同，超出观众的预期，让他们感受到你有从他们的角度来考虑演讲，为演讲做了充足的准备，并通过你的行动表明你很珍惜在台上演讲的机会，那么你可能会影响观众并促使他们改变和提升，即使这些改变可能很小，但其意义可能是巨大而深远的。

　　丹尼尔·平克在《全新思维》中提出的六种能力，设计、故事、整合、共情、幽默、寓意，揭示了我们身处的新时代的背景，解释了如今"强接触"的才能（包括卓越的演讲技巧）在当下如此重要的原因。全球的职场人士需要清楚地认识到，这六种所谓的右脑思维——设计、故事、整合、共情、幽默和寓意——为何比以往任何时候都更重要。掌握并灵活运用这六种右脑思维能力的工程师、CEO 以及创意人，将会是现代优秀演讲者中的主力军。当然，现代演讲者仅掌握这些能力是不够的，如果你能在掌握这些能力的同时结合诸如强大的分析技巧等能力的话，你一定能在概念时代成为独当一面的演讲者。

演讲是情感的传递

营销大师和杰出的演讲者赛斯·高汀（Seth Godin）认为，演讲就是情感的传递。

思想之城

无论你想在教堂、学校，还是一家财富 100 强公司里做演讲，你可能都会用到 PowerPoint。PowerPoint 最初是由工程师开发的，用来帮助他们与市场部进行沟通。这是一个很出色的工具，因为它使密集的语言交流成为可能。当然，你可以使用备忘录，但现在还有人会看备忘录吗？随着公司发展得越来越快，我们需要一种有助于团队之间便捷交流的工具。因此，PowerPoint 就是不二之选。

PowerPoint 可成为电脑功能强大的工具软件，但目前它还不是。无数的创新都无疾而终，因为职场精英们都是按照微软的方式使用 PowerPoint，说句实话，那些方式往往是错误的。

所谓沟通，目的是让他人接受或采纳你的观点，帮助他们理解你为什么会兴奋（或者伤心、乐观，诸如此类）。如果你只想创建一个文档，展示一个事实或一组数据，那建议你还是取消会议，给他们每人发一份报告就行。

我们的大脑有左右两个部分：右脑是感性、情绪化以及富有音乐感的，而左脑则专注于思维、事实和数据。当你进行演讲时，观众会同时调用大脑的这两个部分。他们会用右脑来判断你的说话方式、穿着打扮和身体语言。当你展示第二张幻灯片时，他们就对你演讲的优劣下了定论。到了那个时候，就算你的演讲和幻灯片里的内容再好，都已经影响不了他们对你的印象。混乱的逻辑、缺乏根据的事实，都会破坏一场演讲的效果，但是它们都没有情感因素的影响来得直接，因为说到底，情感因素才是关键。所以，一场演讲只有逻辑是不够的，没有情感传递的演讲，其效果注定不尽人意。

一位优秀的演讲者，一定会给观众及世人传递某种观点。如果台下观众都同意你的观点，其实你就没有必要继续往下讲了。因为你完全可以将项目报告打印出来分发给每个人，还能节省不少时间。但实际情况是，台下的观众不一定都同意你，所以我们做演讲就是为了提出自己的想法和观点，然后说服他们接受。

如果你相信自己的想法和观点，那就大胆提出来。尽你所能、有理有据地将观点展示出来，达成你演讲的目的。观众会因此感激你，因为我们的内心深处都渴望得到他人的支持和认可。

如何快速提高演讲能力？

第一，幻灯片上的内容应该用来辅助和支持你陈述的观点，而不是重复一遍你说的话。在使用幻灯片辅助时，不仅要准确无误，更要做到真情实感。要记住，每张幻灯片上不应超过六个词，无论演讲内容有多复杂，都不要打破这一规则。

第二，使用专业图库，这样可以避免图片质量差的问题，而且在选择图片时要有针对性。如果你在谈论休斯敦的污染问题，为什么不展示一些鸟类死亡、烟雾弥漫的图片，甚至是肺部疾病的图片呢？只给观众展示几组环保署数据的话，观众可能无法直观地感受到污染的严重性。这看起来有点取巧，但实际上确实有效[⊖]。

第三，不要使用淡入淡出、旋转等切换效果，让幻灯片保持简约。

第四，可以给观众准备一份包含演讲内容的书面文档，在里面标注好重点内容和关键细节。在演讲开始之前，告诉观众你会在演讲结束后提供本次演讲的详细文档，这样他们就不会因为要记录你所讲的内容而分心。记住，演讲是为了动之以情地说服观众，书面文档则是用来佐证你的观点和想法，好让那些较真的观众更容易接受你的观点。切记，不要只给观众发放幻灯片的打印版，因为没有你的演讲，这些打印的幻灯片就是一叠废纸。

实现一次高质量的演讲其实并不难：展示一张幻灯片，引发观众的情感共鸣。他们会变得全神贯注，想知道你接下来会怎么讲解那张图片。如果你的解说做得恰到好处，那么以后只要他们想起你说的话，他们的脑海里就会浮现那张图片（反之亦然）。当然，

⊖ 这也是情感传递的一种体现。——译者注

这种方法会与大多数人的做法不同。但你要知道，别人是在循规蹈矩（这很容易），而你是在勇敢创新，这绝非易事，它会使你的演讲能力突飞猛进。

幻灯片案例
这里是赛斯·高汀演讲中的一些幻灯片页面，没有他的讲解，这些内容几乎没有意义。但配合赛斯引人入胜的演讲，这些可视化元素会对阐明一个令人难忘的故事很有帮助。

新时代需要新思维

如今，要成为一位有效的沟通者所需的技能与过去不同。今天的读写能力不仅包括必要的阅读和写作，还包括理解视觉传达。今天，我们需要更高的视觉素养，也要理解图像在传达重要信息方面的强大力量。

为现场演示设计视觉元素的人通常将 PowerPoint 等视为一种文档创建工具。他们的原则和技术似乎主要受到关于正确创建商务文档（如信函、报告、电子表格等）的传统智慧的影响。许多商人和学生好像将多媒体幻灯片看作包含文本框、项目符号和剪贴画的高级透明投影仪。

如果你想学习如何成为一名更好的演讲者，那么就要超越书籍中给出的关于使用幻灯片软件和演讲技巧的建议（包括这本书）。这些书能给你一时的帮助，但你也应该寻找其他经过验证的视觉叙事形式。例如，纪录片在讲述故事时融入叙述、采访、音频、强大的视频和静态图像，有时还有屏幕文字。这些元素也可以融入现场口头演讲中。电影和演讲是不同的，但并不像你想象的那么不同。通过观看肯·伯恩斯制作的纪录片，我学到了如何在讲故事中使用意象。而在一些伟大的电影中，如《公民凯恩》《卡萨布兰卡》《生之欲》，甚至《星球大战》中，也可以找到有关讲故事和视觉传达方面的有用经验。

漫画艺术是另一个寻求知识和灵感的地方。例如，漫画能够将文本和图像结合起来，形成引人入胜且令人难忘的强大叙事。

漫画和电影是通过意象讲述故事的两种主要方式。为会议或主题演讲创建演示文稿的原则和技术与创造优秀纪录片或优秀漫画的原则和技术有很多的共同之处，而不是与传统的带有项目符号的静态商务文档的创建原则和技术有共同之处。

让我们开始吧

本书倡导的是，要想做好演讲，就要学会放弃在幻灯片时代学到的关于制作演示文稿的知识，及千篇一律的设计方法。第一步是跳出之前的认知。每张幻灯片七个句子；为了保险起见加入一些剪贴画——从来没有人因为这样做而被解雇，对吧？但是，如果我们仍然固守过去，就无法学习任何新知识。我们必须敞开心扉，以便以全新的视角看待世界。正如伟大的尤达大师曾经建议的那样（在遥远的星系中），我们必须忘记我们所学到的东西。

幻灯片中的图片来源于*Shutterstock*网站。

练习

    自己或与同事一起进行一次头脑风暴，思考和复盘一下你们在公司里组织演讲时所遵循的观点和原则。你们现在的演讲里，哪些方面偏离了原则？哪些方面是符合原则的？在演讲准备及实施过程中，有哪些是过去未曾提出的问题？有没有给你们的演讲者和观众带来"痛苦"？是否曾经过于关注无关紧要的事情？哪些是无关紧要的部分，重点部分又应该是哪些？

本章要点

◎ 就像日本便当一样，优秀的幻灯片演示包含适当的内容，以最高效、优雅的方式摆放，不需过多的装饰。内容的呈现简约、平衡并富有美感。

◎ "演说之禅"是一种理念，而不是一套所有人都必须遵循的死板规则，因为要做好一场演讲的方法有很多。

◎ "演说之禅"的关键原则是：克制地准备，简约地设计，自然地表达。这些原则可以应用于绝大部分的演讲。

◎ 尽管文字堆砌且乏味的幻灯片做法很常见且被接受，但其实效果并不理想。问题的症结并非在于工具或者技巧，而是我们的不良习惯。虽然有些新工具可能更强大，但只要适当运用诸如幻灯片等多媒体工具，我们依然能做出高质量的演讲。

◎ 在概念时代，扎实的演讲技巧比以往任何时候都更为重要。出色的演讲是一种全脑技能，优秀的演讲者能够同时调动观众的左脑和右脑，使观众享受他的演讲。

◎ 通过多媒体增强效果的现场演讲通常与讲故事有关，这与纪录片有更多的共通之处，与让观众自行阅读纸质文件并不相通。如今的现场演讲必须通过图像或其他适当的多媒体方式来讲述故事。

◎ 多年来，我们养成了一些演讲方面的不良习惯。要想改变，首先得放下过去。

准备篇

坚定的自律蕴含强大的力量。

——詹姆斯·罗素（James Russell）

第 2 章

创造力、局限和约束

在第 3 章，我们将介绍演讲准备阶段的第一步。但在此之前，让我们先来考虑一下在准备演讲时往往会被忽略的创造力问题。你可能并不认为自己是一个有创造力的人，更别说像设计师、作家、艺术家等那样有创意了。但是演讲内容的构思，尤其是借助多媒体演示的内容，是一个需要创造力的过程。

在世界各地的课堂和研讨会中，我遇到的许多学生和专业人士都认为自己并不具备创造力。当然这里面包含了谦虚的成分，但我认为大多数成年人确实是这么认为的。他们相信，"创新"这个词并不适合用在自己身上。但是，这些人在工作中表现出色，生活过得幸福和充实。那他们为何会认为自己缺乏创造力，或者认为他们的工作不需要较强的创造力呢？相反，如果询问一群孩子他们是否具有创造力，你会发现几乎所有的手都会举起来。

巴勃罗·毕加索曾说："所有的孩子天生就是艺术家，问题在于我们长大后如何保持这种艺术家天分。"对于创造力，这句话同样适用。我们生来就富有创造力，无论你走上了何种职业道路，你都是一个富有创造力的人。表现创造力有很多种方式，幻灯片的设计和展示就是其中一种。

准备一场演讲可以说是一个需要创造力的过程，这个过程需要数据分析能力和逻辑思维能力，同样也需要想象力和直觉，并且在这个过程中，设计的确很重要。谁说商业与创造力没有联系？难道商业只能局限于数据管理和企业事务吗？难道学生不能通过学习优秀的设计思维方式，从而成为未来的商业领袖吗？无论他们的专业或具体任务是什么，有设计思维、创造性思维难道不是一种举足轻重的能力吗？

一旦意识到准备演讲需要创造力，而不仅仅是以线性方式堆砌事实和数据的时候，你就会发现，准备演讲是一个调动全脑思维的过程，需要同时运用左脑和右脑思维。尽管你的研究内容可能需要大量的逻辑分析、计算和细致的证据收集（左脑思维主导），但将内容转化为演讲则需要你动用全脑思维。演讲是一种需要用图像和文字进行思考的整体性活动。我们既需要关注细节，也必须看到全局。

始于初心

禅宗的教诲常常提到"初心"（初学者之心）或"童心"。持有初心的人对生活充满新鲜感和热情，并且对各种不同的思想和做法持有开放的态度。所谓"初生牛犊不怕虎"，儿童敢于探索、发现和尝试新事物。如果能怀着初心对待创新的事物，就可以不受固定的观念、习惯和传统智慧的束缚，更清晰地看待事物，打破对某事物的常规认知。初学者的思想更为开放，接受能力强，他们喜欢说"为什么不？"或者"让我试试"，而不是"我没这样做过"或者"别人会怎么想？"

当你怀着初学者之心（即使你是一位经验丰富的成年人）去面对新挑战的时候，你就不会害怕失败或错误。但如果你以"老手"的心态来面对问题，往往就会对更多可能性视而不见，因为老手会被过去的经验和思维所限制，对新颖和未尝试过的事物没有兴趣。作为老手，你可能会说"这是不可能的"或者"这不应该做"。而如果你怀着初心，或许会说"我想知道那样是否能做到"。

保持初心，则能勇往直前。害怕失败和他人的指责一直是我们前进路上的障碍，这是一种遗憾。有创造力并不等于会犯错，但如果你不愿意冒犯错的风险，那就不可能拥有真正的创造力。如果总是害怕失败，那么你终将选择安全的解决方案——那些已经被用"烂"了的解决方案。有时候，那些用"烂"了的方法可能是最好的解决方案，但你不应该盲目地跟随这条路，而是应该权衡其中的优点和缺点，然后想想是否有比它更好的方案。你可能会发现在特定情况下，最常见的方法是最好的方法。然而，在选择此类方法的时候，不应该出于惯性（大家都这么做）而做出选择，而应该基于再三思考，并以全新的角度和思考为指导做出选择。

儿童天生具有创造力、爱玩和富有探索精神。小时候的我们才是真正的我们，那个时候我们可以为自己的"艺术"不眠不休好几个小时。因为创造是我们内在的一部分，尽管我们当时并没有意识到这一点。随着年龄的增长，恐惧、焦虑、自我审查和过度思考开始"侵蚀"我们。其实创造精神现在仍然在我们身上，它是我们的本质。我们只要看看身边的孩子，就能记起这一点：无论你是 18 岁还是 98 岁，都不会太迟，因为不管是谁，都有一颗未泯的童心。

初学者的心中有着无限可能，而专家的心中只剩有限选择。

——铃木俊隆（Shunryu Suzuki）

演讲是一种创造性的行为

不仅画家、雕塑家等艺术家需要创造力和想象力，教师也需要，程序员、工程师、科学家和医生同样需要。在许多专业领域中，我们都能看到极具创造力的应用。1970年，一群聪明且对科技极度痴迷（左脑思维）的美国国家航空航天局工程师，面对损坏的阿波罗 13 号太空船，急中生智，制定出临时用胶布和备用零件来修复的解决方案，解决了致命的二氧化碳积累问题。而这个至关重要的修复方案，靠的不是技术而是丰富的想象力和创造力（右脑思维）。

具有创造力，并不意味着你需要穿着时尚衣饰，在咖啡馆里品卡布奇诺。它是指调动你的全部思维去寻找问题的解决方案。拥有创造力思维的你不会被过往的方法和知识束缚，而是能够在意外问题出现时（有时非常迅速地）打破常规思维，寻找解决方案。这种情况需要逻辑能力和分析能力，但也需要大局观。而大局观的培养正需要创造力。

说回演讲，它看起来是一件生活、工作中很平常的事情，但借助幻灯片的设计和呈现，演讲可以变成极具创造力的事情。每一次演讲都是展示自我、展示企业的机会。做演讲，就是要使观众接受你和你的观点、你所讲的何等重要、何等有用。它是一个改变的机会。那么，为什么要和他人一样？为什么总要如他人所愿？为什么不能超越期望，给他人惊喜？

每个人都有创造力，而且比我们想象中的还要强大。所以每个人都应该努力发掘自己的创造潜能，发挥自己的想象力。布兰达·尤兰（Brenda Ueland）所著的《假如你想写作》（*If You Want to Write*）是我读过的最有启发性的书之一。这本书首次出版于 1938年，我认为这本书应该被命名为"假如你想拥有创造力"。书里简单又不失智慧的建议不仅对写作爱好者有帮助，对所有希望在工作中更具创造力的人同样有用，甚至可以帮助那些创意人士，如程序员、流行病学家、设计师和艺术家等，进一步发挥他们的创造力。这本书应该成为所有专业人士的必读书籍，特别是那些热衷于传授知识和经验的"老师"。以下是布兰达·尤兰给我们的一些启发，请记住它们，无论是演讲的准备，还是任何需要创意的工作，它们都会对你大有帮助。

抓住机遇

　　"我没有创造力。"这是我们常常对自己的设定。当然，你也许不会成为第二个毕加索（但这也不一定，谁知道呢？），不过这并不重要，重要的是你在探索过程中不要过早地将自己局限起来。失败是可以接受的，也是必要的。但是，因为害怕他人的评价而放弃探索和冒险会比任何短暂的失败更能让你感到痛苦。失败是过去的事情，它出现的时候其实已经结束了。而对"如果……会怎样"或"如果我当初……会怎样"这样的猜疑和踌躇，会成为你每天背负的包袱。它们不但沉重，而且会扼杀你的创造精神。你要做的，就是抓住机遇、挑战自我。人只活一辈子，而且转瞬即逝，那为何不试试展现自己的才华和能力呢？要知道，你可能会让人刮目相看。最重要的是，你可能会为自己的才华感到震惊。

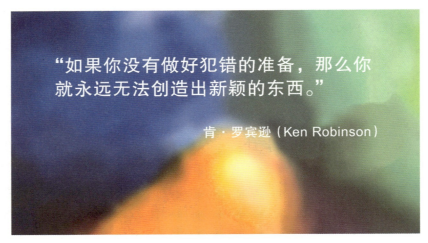

"如果你没有做好犯错的准备，那么你就永远无法创造出新颖的东西。"

肯·罗宾逊（Ken Robinson）

这是我的演讲"21世纪的教育"中的一张幻灯片。引文来自肯·罗宾逊2006年在TED的演讲"学校会扼杀创造力吗？"

勇往直前

问一下自己，你一般是在哪里获取灵感呢？其实它藏在你身边的每一处，但倘若你墨守成规，因循守旧，你会跟灵感失之交臂。例如，有时候你可以从教学中获得灵感。当你将重要的知识教给别人时，你会对这部分知识有新的认识，不管学生是孩子还是成年人，他们学习的热情都极具感染力，能够激发你的灵感。布兰达说："我能帮助他们的，就是让他们更自由、更勇敢。放手去做！不需要畏首畏尾！像狮子一样勇猛无畏！"自由太重要了，我们要像孩子一样自由自在！大家都清楚这一点，只是偶尔需要提醒自己而已。

不要勉强自己

无所事事的时光其实是很重要的。很多人，包括我在内，每天都忙于完成各种任务，害怕自己无所作为。然而，好的创意往往出现在"懒散"的时刻，对，就是在我们浪费时间的时候。我们需要些时间远离工作，在海滩上散步、森林中慢跑、骑车，或者在咖啡店里花上四五个小时看看书。在这些时刻，你的创造力会被激发。有时候，你需要独处一段时间，放慢自己追逐事业的脚步，那样才能从不同的角度看待身边的事物。管理公司业务的经理们，只要了解这一点，并给予员工足够的休息时间（只有当经理完全信任员工的时候，他们才能做到），才是可靠的管理者，也是最好的经理。

拥抱你的热情

请将你的爱、激情、想象力投入工作中。因为没有热情，就没有创造力。它可能是悄无声息的，也可能是豪迈奔放的，但一定要是真情实感的。我还记得，我曾经出色地完成了一个长期项目，但一位同事是这样评价我的："好吧，我得承认，你确实充满了热情。"他没有意识到这其实是个暗含讽刺的夸奖。这些人总会让我们感到沮丧。生命如此短暂，我们不必与那些不理解这份热情的人为伍，更不要与那些试图扼杀你的热情的人相处。不必费尽心思给别人留下好印象，也不要担心别人会对你的热情或激情有什么看法。就像理查德·费曼（Richard Feynman）所说："你为什么要在意别人怎么想呢？"

开展一场有效的演讲

在医学教育中，演讲至关重要。大量的信息通过演讲在讲座和医学会议上被"传递"，但被观众真正记住的信息少之又少。这并非演讲者或观众不努力，而是演讲呈现形式的问题。掌握有效演示演讲内容的技能，可以提高演讲质量和效果，从而明显提升医学教育水平，甚至为患者康复带来福音。

大多数医学演讲者没有接受过专门的演讲培训，他们只是单纯模仿过往"正确"的方法。出于对传统的尊重，以及遵从惯例的想法，他们延续了有缺陷的演讲风格。

罗斯·费舍（Ross Fisher）是一位外科医生、研究员和教育工作者，"演说之禅"给了他很大启发，彻底改变了他对医学教育的理念和方法，并且推动了医学演示中"p立方"（即 p^3）理论的发展。

一场有效的演讲由三个部分组成：故事（p1）、辅助故事讲述的媒体素材（p2）以及这些信息的有效传递（p3）。一场演讲的价值是这三个因素的乘积，即 p^3。

记住，用于辅助演讲的媒体素材，应当是说明性的和支持性的，但绝对不能用脚本、讲义这种写满文字的图像。如果一页幻灯片上有密集的文字，会阻碍观众对信息的记忆，导致他们的学习效果大打折扣。如果观众花了大量精力在阅读、理解和记忆幻灯片上的文字内容，那么他们根本就没有多余精力去关注演讲者在说什么。因此，不要让多媒体素材妨碍演讲内容的传递。如果需要展示复杂的信息，那就把它打印出来，分发给观众，而不是在幻灯片上展示。

医学演讲中有很多陋习，例如：使用字号过小的注释内容、使用期刊文章的图片，甚至直接从文章中复制数据表格和图表放在幻灯片上。这些做法或许你在很多演讲里都能看到，但并不意味着这是有效的做法，理解印刷媒体和演讲媒体之间的差异，对于提高演讲时的信息传递至关重要。同样，一位演讲者能吸引观众的注意并让他们对演讲内容充满热情，也是医学演讲的必要因素。

无论是哪个领域的演讲，我们都要摒弃过时的方法，开展以学习而非单纯传递信息为目标的演讲，并且用充满激情的语言讲述。

2019 年，在伦敦举行的"Don't Forget the Bubbles"医学会议上，罗斯·费舍站在讲台上进行演讲。

在约束中创作

几年前，我在大阪参与了我的两位朋友——贾斯珀·冯·梅尔海姆（Jasper von Meerheimb）和川村幸子（Sachiko Kawamura）——的精彩演讲，他们都是经验丰富的设计师。在演讲里，他们讨论了如何在时间、空间和预算的约束下实现自己的设计。对于专业设计师来说，创作本来就是在外部的各种约束和限制下开展的。不管约束是起到助推还是阻碍作用，都不是最重要的，因为世界里本就充满各种各样的限制。正如前田约翰（John Maeda）在《简约法则》（*The Laws of Simplicity*）中指出的："在设计领域，我们相信更多的限制能够促成更好的方案。"例如，时间和它带来的紧迫感总是带来约束，但是紧迫感和创造精神是息息相关的。

在客户、老板等人提出的各种限制条件和要求下，设计师利用创造力来完成设计，这对他们来说已经是家常便饭。然而，对于非设计师们来说，他们手头上有强大的设计工具，并没有充分认识到约束的重要性。由于他们没接受过专业的设计培训，在使用当今软件工具设计幻灯片（或海报、网站、业务简报等）时，他们要么因为选择太多而感到迷茫，要么因为想实现的想法太多，无拘无束地把幻灯片复杂化。这样往往做不出让人满意的设计。所以，我们可以从专业设计师身上，学到两个重要的观点：①限制和约束是有力的"盟友"，而不是"敌人"；②自我约束是创造出优秀作品的基石。

自我约束可以帮助你将要传递的信息（包括设计等视觉信息）组织得更有条理。严谨的研究、实践和严格的约束可以激发个人的创造力。以日本古典短诗俳句为例，它有着悠久的传统和严格的约束，但通过大量实践，我们还是可以创作出不多于 17 个音节的句子，既捕捉到细节，也能体现一个瞬间的本质。日本俳句的形式虽然有着严格的规则，但正是这些规则和约束，才让作者得以用微妙且有深度的句子表现独特的含义。在《无为而活》（*Wabi Sabi Simple*）一书中，作者理查德·鲍威尔（Richard Powell）在谈到日本盆景艺术与俳句的侘寂（Wabi Sabi）、自律和简练时，有如下评价："信息传递必须做到抓住重点，抛弃那些分散注意力的元素。烦琐杂乱只会让人感到困惑，只有简约才能让人思路清晰。"

人只要活着，就处于各种约束之中，但它们并不一定尽是坏事。事实上，约束对我们来说是有益的，甚至能够促使我们以更有创意的方式去思考和创造。当我们被临时要求做一场 20 分钟的销售演讲，或 45 分钟的研究成果演讲时，时间、方法和预算上都受到限制，但只要我们放慢脚步、深思熟虑，你的灵感和创造力就会随之迸发，最终还是可以组织出一场高质量的演讲。所以，我们在准备和设计一场演讲时，可以为自己设限，这样你就可以更清晰、更专注、更合理地完成演讲。

我们的生活日益繁杂，面临着越来越多的选择，清晰的构思与简约的设计就显得越发重要。清晰和简约往往是人们所期望的，但真正能做到的人少之又少，所以更加受到人们的推崇。如果你想给观众带来惊喜，想演讲效果超出他们的期望，那么请将演讲做得更清晰、更美观吧。真正的强大不是你保留了什么，而是你放弃了什么，而这就需要你那不同寻常的勇气。相信我，你的观众希望看到一个有创意、有胆识的你！

PechaKucha：演讲新形式

　　PechaKucha（日语意为"闲聊"，维基百科中称为"设计师交流之夜"）是由两位驻东京的建筑设计师马克·戴瑟姆（Mark Dytham）和阿斯特丽德·克莱因（Astrid Klein）在 2003 年发起的一场全球演讲新潮流，也是演讲人对传统幻灯片演讲观念发生改变的起点。PechaKucha 的演讲方式非常简单，要求演讲者使用 20 张幻灯片，每张幻灯片讲解 20 秒，整个演讲总时长共 6 分 40 秒。幻灯片设置成自动切换，幻灯片放映结束，演讲也随之结束。这些简单但严格的限制，目的就是保证演讲的简短和精辟，让更多人有机会在同一个晚上进行演讲。

　　从阿姆斯特丹到威尼斯，从奥克兰到维也纳，全球 1000 多个城市都曾举办 PechaKucha 之夜。东京的 PechaKucha 之夜常常在时尚的多媒体会场举办，我曾经参与过一次，那种氛围既有正式会议的正经严肃，也有夜晚酒吧的轻松活泼。

　　PechaKucha 是一种很好的训练和实践，值得大家尝试。即使你在工作中不使用这种方式，这也是一种很好的锻炼方法，可以有效地加强你的表述能力。无论你是否能在公司或学校演讲中应用 PechaKucha 的"20 页、20 秒、共 6 分 40 秒"的模式，PechaKucha 的精神和"限制即自由"的理念都是适用于绝大部分的演讲场合的。

　　PechaKucha 演讲方式有一个"弊端"，它很难深入讨论某个话题。但如果一场 PechaKucha 演讲结束后能引发热烈讨论，那么在组织内部使用这种方式，也能取得意想不到的效果。我们设想一下这个场景：一名大学生在研究汇报中使用 PechaKucha 形式进行演讲，然后导师和同学们进行更深入的探讨。对比一下，一个是 45 分钟的传统幻灯片演讲，一个是精炼的 6 分 40 秒的演讲，然后进行 30 分钟的提问和讨论，这两者哪个对学生来说更有难度？哪个更能体现

学生的能力和知识水平？如果 7 分钟内都没办法给观众传达核心主旨，这场演讲真的还有必要继续下去吗？

本章要点

◎ 演讲的各个阶段都需要创造力，要记住，你是一个有创造力的人。

◎ 创造力需要开放的心态和不怕犯错的精神。请怀着初学者之心，面对一切任务。

◎ 限制和约束不是你的"敌人"，它们是强有力的"盟友"，可以帮你迸发更强大的创造力。

◎ 尝试一下 PechaKucha 方法，它可以作为一种锻炼方式，帮助你提升表达能力。

◎ 在准备演讲时保持克制，并牢记这三点：简约（的设计）、清晰（的思路）、精炼（的信息）。

第 3 章

从构思开始

　　在演讲的准备阶段，最重要的一点就是远离你的电脑。人们常犯的一个错误，就是几乎把全部的时间都花在电脑屏幕前，琢磨要讲什么和要怎么讲。其实在设计之前，首先要对演讲做全局考量，然后确定主旨。要做到这一点，你需要先让自己心绪平静，否则，如果你一开始就分心，把注意力放在幻灯片的设计制作上，你就无法找到演讲的核心主旨。

　　各种演示软件的开发人员都会告诉你，用他们的软件来规划演讲会事半功倍，但我并不推荐你这么做。相反，我认为在设计前期，用笔在纸上草拟出提纲的做法会更好，这样会使思路更加清晰。在随后将初步构思"数字化"的时候，就会有更多想法涌现。因为你已经将演讲的主旨和脉络琢磨出来并写在纸上了，在制作幻灯片的时候，就有足够的时间和精力坐在电脑前，专注于幻灯片呈现的创意。我把这种远离电脑构思内容的过程称为"模拟化策划"，与之相反，我将使用电脑软件构思内容的过程称为"数字化策划"。

让自己慢下来

放慢生活节奏不仅能让人活得更健康、更充实，还有助于让人的思路变得更加清晰。你的第一反应可能会觉得这个观点很荒谬，毕竟商场如战场，速度往往意味着一切。不管是创新，还是占有市场，速度都是致胜因素。

然而，我想说的其实是一种心态。没错，你现在肯定有很多事情需要去处理，这使你非常忙碌。但其实问题不在于"忙碌"本身。确实，我们好像总觉得时间不够用，有很多我们想做的事情因为时间不允许，最终只能放下。"时间"是我们每个人都要面对的约束。但是换个角度，时间紧急未尝不是一种推动力，它能让我们产生紧迫感，激发我们的创造力，让我们找到更多解决问题的方法。所以，可怕的不是"忙碌"，而是"忙乱"。

当你感到自己匆匆忙忙、思维混乱、心不在焉的时候，你其实就处于"忙乱"状态。虽然你正在拼尽全力做事，希望并相信自己可以做得更好，这种想法的出发点是好的，但处于忙乱状态下的你很难冷静思考，只是在敷衍了事。接着，你试着深呼吸，开始琢磨下周的一场重要演讲，然后打开电脑开始思考。突然，办公室电话响了，但你让它转到语音信箱，因为你的手机也响起来了，正是老板打过来的。老板在电话里说："项目规划书快发给我！越快越好！"这时新邮件提示音也响起来了，原来是一位大客户发来邮件，邮件标题是："紧急！项目规划书找不着了！！！"不一会儿，你的同事探头进门说："嘿，你听说项目规划书不见了吗？"于是乎，你丢下重要演讲，开始忙着应对各种围绕"项目规划书"的突发事件。在这样的环境下，人几乎没办法放慢节奏，让自己冷静下来。

"忙乱"会扼杀你的创造力。原本你可以展开一次富有吸引力和有趣的演讲，让观众参与进来，可是因为时间紧急，被迫改成了用一张一张的幻灯片展示。受时间所迫，他们也只能匆匆将以前用过的幻灯片拼凑起来，作为新演讲的内容。结果交流不畅，观众也没听懂。没错，我们所有人都忙得不行，那就更不应该用凑数的幻灯片去应付观众，既浪费自己的时间，也浪费观众的时间。记住，想把一件事情做得更好，你需要为自己留有一片独处的时间和空间。

设计师、音乐家，甚至企业家和程序员，这些创作精英们通常以独特的眼光看待事物，并具有敏锐的洞察力和独到的视角，还会提出与众不同的问题（答案很重要，但会提问更重要）。对于大多数人来说，这种独到的洞察力、直觉和灵感，只有当我们的思绪慢下来，对事物做出全面考虑后才会出现。无论你从事哪种职业，科学家、工程师也好，医生、商人也罢，当你在构思一场演讲时，你都需要远离电脑一段时间，而且最好能给自己找到一个独处的空间。

很多演讲之所以效果不佳，原因之一是现在的人们没有足够的时间去分清主次。演讲效果不好，并不是因为他们不够聪明或者没有创意，而是因为他们没有静下心来思考。当你独处的时候，你的思路会变得清晰，这时你就可以纵观全局、明确核心部分。独处并不意味着孤独一人，对我来说，有几家我经常去的咖啡店，那里的服务生都能叫出我的名字。咖啡店里虽然有时会很吵，但那里有很多舒适的沙发和椅子，而且伴随着舒缓的爵士乐，这些都会让我感觉舒服和放松。所以我每次光顾这些咖啡店的时候，也是我独处的时刻。

我并不是说独处一定可以弥补思想上的匮乏，激发更多的灵感或创意。但如果你能够在生活里尽量抽出一些时间来独处，还是会颇为受益的。至少对我来说，独处能帮我更好地集中注意力，让我的思路更为清晰，看清问题的本质，更好地掌控全局。清晰的思路和对全局的把控，往往是大多数演讲者没有做到的地方。

当然，我不想把独处的作用说得过于美好。独处过多也是有坏处的。然而，在当今这个忙碌的世界里，又有几个人能有过多的时间享受独处呢？对于大部分职场人士来说，能够找到一刻独处的时间，简直难如登天。

独处的必要

很多人相信，独处是人类基本的需求，完全没有独处时间会对我们的身心健康造成不好的影响。已逝的心理分析师和临床心理学家艾斯特·布赫霍尔茨（Ester Buchholz）

医生曾对独处做了大量的研究，她把这称为"独处时间"。布赫霍尔茨认为，社会夸大了陪伴的作用，而低估了独处的价值。她坚信，如果我们想要挖掘自身的创造潜力，那么独处时间就很重要。"生活中的创新解决方案需要独处的时间。"她说，"独处是很有必要的，因为这有助于我们的潜意识去处理和解决问题。"布赫霍尔茨这段话的后半部分，我曾用在一些有关创造力的演讲中。

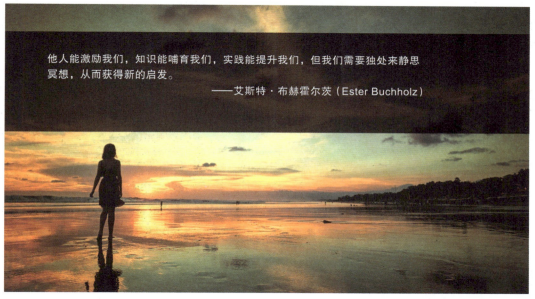

他人能激励我们，知识能哺育我们，实践能提升我们，但我们需要独处来静思冥想，从而获得新的启发。

——艾斯特·布赫霍尔茨（Ester Buchholz）

图片来自 Pearson Asset Library。

森林浴

我们居住在日本奈良，一个被森林簇拥的小镇。平日里我喜欢在镇子周围的森林里跑步，或单纯散散步。如果我正在为一个重要的演讲或其他重要的项目做准备，我会带上一个小巧的录音笔在林间闲逛。这个时候，我不会费神去思考演讲或项目的问题，但当我有了值得记录的想法时，我可以轻松地用录音笔记下来，让记录想法这件事情变得毫无压力。虽然用手机也可以记录，但录音笔更小、更轻便，更重要的是它没有过多干扰我思绪的功能，能让我更加专注。

我一直热爱大自然，但直到我在 2008 年写下这本书的第一版，我才发现"森林浴"这个概念。说得直白一些，"森林浴"就是沐浴在森林里的意思。森林浴有时也被称为森林疗法，长时间生活在自然的树林中，会有沐浴身心的效果。

"森林浴"这个词自 20 世纪 80 年代以来才开始被使用。21 世纪初，日本医科大学的李青（Qing Li）博士等人开始全力研究森林和人类健康之间可能存在的联系。李青是日本医科大学的副教授，同时也是世界上最领先的森林浴专家，他研究森林环境对人类健康和幸福的影响已经超过 30 年，并在森林医学领域发表了许多科学论文。

我推荐你阅读李青在 2018 年 4 月出版的《森林浴：树木如何帮助你找到健康和快乐》一书，这本书对森林浴有全面的介绍。李博士在书中提到："森林浴可以帮助你睡得更安稳，使得你心情更好。它也可以降低你的心率和血压，改善心血管健康和新陈代谢。最重要的是，它还可以增强你的免疫系统功能。"

有人研究了森林环境对心理健康和幸福感的影响，结果表明：在森林中行走对理清我们的思绪，以及改善记忆和解决问题都很有帮助。其他关于森林浴的文献里也提到，在森林中悠闲地度过一段时间，能帮助人们提高创造力。李博士在犹他大学和堪萨斯大学的研究中指出："花时间待在大自然里，人们解决问题的能力和创造力可以提高 50%。"

如果你想心境平和、提高创造力，最便捷的方式之一可能就是花点时间待在森林里了，这个方法不仅有相关研究的支持，而且我们能够从自身的直觉和经验中得知。但是，大多数专业人士和学生都在室内度过了越来越多的时间，我们应该减少这种做法，多留一些时间给大自然。所以，如果你遇到一个难题，无论是一次重要的演讲还是棘手的项目，尝试一下去森林里散散步吧，如果你周围没有森林，那么一个充满花草树木的公园也是不错的选择。

自行车还是汽车？

软件公司向我们提供了不计其数的幻灯片模版，虽然这些模版有时候能派上用场，但也经常干扰我们，让我们在错误的方向上越走越远。视觉设计专家爱德华·塔夫特（Edward Tufte）对这种情况做出了很中肯的评价：我们要认识到，PowerPoint 可能导致我们的内容过于空洞，使得我们的信息杂乱无章，其他的演示软件也是如此。演示软件的确可以在我们的演讲中起到很棒的辅助作用，但如果使用不当，则会起到反效果。

大概 35 年前，史蒂夫·乔布斯（Steve Jobs）和硅谷的其他人就在谈论个人电脑的巨大潜力以及如何设计并使用电脑才可以最大限度地发挥人类的才能等问题。他在纪录片《回忆和想象》（*Memory and Imagination*）中说道：

"我认为，电脑是人类有史以来最伟大的工具，有了它，人类的思想好比骑上了一辆自行车，可以自由驰骋。"

在移动能力方面，人类算不上最强大的动物。但是有了自行车，情况就不一样了，自行车让我们的移动能力变得更加强大。这不正是电脑——我们这个时代最伟大的工具——应该起到的作用吗？

在演讲的设计阶段，电脑所起的作用是载你自由驰骋的"自行车"还是将你限制其内的"汽车"呢？前者会令你思维开阔，而后者只会禁锢你的思想。当你像骑自行车那样使用电脑时，你的思维会得到启发；但当你像依赖汽车那样依赖科技力量的时候，你的思维就会被限制。

仅仅了解和遵循演示软件的规则和使用方法是不够的，你还要充分理解演讲的创作和设计原理。一个理想的软件并不会给你设定太多的条条框框，而是帮我们排除一些障碍，从而激发出我们更多的创意和想法。因此，为了能让电脑和演示软件成为我们创意的放大器，在一开始请关上你的电脑并远离它，等自己做好充分准备时再打开它。

纸张、白板、便利贴，或沙滩上的一根棍子

当我准备演讲或其他重要项目时，我最喜欢的工具是一本大的笔记本和几支彩色笔。如果在办公室，我还会用到大白板。虽然数字技术非常强大，但仍然没有笔和纸来得简单和直接，也不像一块大白板那样能让我随意增减想法和创意。

大多数人都喜欢在幻灯片软件中完成他们的演讲工作。关于这一点，我们可以向设计师学习：大多数专业的设计师，甚至是那些玩电脑长大的年轻设计师，通常先在纸上或白板上做头脑风暴，描绘自己的奇思妙想。

　　这种方法我在多年前仍在苹果公司工作的时候就非常熟悉了。有一次我拜访苹果公司的一位创意总监，与他讨论一个当时的项目。他告诉我他有很多想法要给我看，我以为他准备了一些幻灯片或视频，或者至少打印了一些图片来向我展示。但当我走进他的办公室时，我发现他桌子上那个苹果显示器是关着的（我后来才知道，这个才华横溢的创意总监已经好几天没打开过电脑了）。他拿出一卷足足有五米长的白纸，上面满满地记载了他的想法。这些想法以手绘图像和文本结合的方式呈现，看起来像一本巨大的漫画书。然后他从纸的一端开始，带我领略他的奇思妙想，偶尔会停下来做一些修改或补充。介绍结束之后，他把纸卷起来递给我，说："拿去吧。"后来，我将他的想法融入我们的内部演讲中。

"如果你有创意，没有机器也能做很多事情。只有当你有创意时，机器才会开始为你工作……而大多数创意，其实在沙滩上用一根棍子就能画出来。"

——阿兰·凯（Alan Kay）

摘自 1994 年 4 月 *Electronic Learning* 的采访

纸与笔

我经常会在办公室以外的地方工作，如咖啡馆、公园或是开往东京的新干线。虽然我基本上都会带着手提电脑和 iPad，但我还是喜欢用纸笔给自己来一场头脑风暴，再将想法在纸上描绘出来的感觉。我当然可以使用电脑，但和很多人一样，当我用笔在纸上涂写、勾勒想法时，这一系列动作仿佛和我的右脑产生了更为紧密的联系。大脑中的奇思妙想在纸上呈现，进一步激发出我的灵感和创意。和坐在电脑屏幕前相比，纸笔能够将想法可视化地描绘出来，让这些想法显得更有力量。同时，后者操作起来也更为简单。

白板

我经常在办公室或家里使用白板来勾画我的想法。白板对我来说非常有用，因为白板上有一大片空白让我可以无拘无束地进行头脑风暴。在这个过程中，我随时可以后退几步看一眼白板上整体的内容，思考一下如何制作幻灯片会让演讲的逻辑更加流畅。白板的好处之一，就是你可以和团队成员一起使用，大家的想法和创意都可以记录下来一同呈现。在记录好关键点并构建出大纲后，我可以快速画出一些图形，这些图形会呈现在幻灯片中的图表或照片中。这些简单图像可以辅助我陈述观点，比如这里放一张饼图，那里放一张照片或者直接用一张折线图等。

你可能会认为这是浪费时间，为什么不直接在演示软件里做幻灯片呢，这样不就不用做两次了吗？实际上那样只会花费更长的时间，因为我需要不断地从编辑视图（制作一张幻灯片的视图）切换到幻灯片排序视图（所有幻灯片缩略图的浏览视图），以看到整体画面。相比之下，用模拟化策划（用纸笔或白板）来勾画我的想法，可以让我更方便地纵览全局，也使我的思路更加清晰。在这之后，再把我的这些想法用 PowerPoint 等演示软件制作出来，就会变得格外容易。有时我甚至不需要再去看白板或纸上的内容就能轻松完成，因为模拟构思的过程能让我对内容了如指掌，每一部分的内容要如何展示我都已经十分明确。有时候我还会看看白板或纸上的标记，以提醒自己某些点上要用的图片，然后去一些图片素材网站或者自己的图库中找到最适合的图像。

便利贴

　　大叠的纸和记号笔看起来很老套，实则为非常有用的工具。它们也是描绘自己的想法和记录他人点子的最简单的工具。我还在硅谷工作的时候，有时会将便利贴贴在墙上来引导头脑风暴会议。在大家畅所欲言的时候，我会把想法写下来贴在墙上，或者大家一边陈述自己的想法，一边将想法写在便利贴上。这个场面看起来很混乱，但是乱得好。头脑风暴结束后，墙上会贴满便利贴，然后我会将它们带回办公室，贴在我的墙上，一贴就是好几天甚至好几个月。等到需要准备演讲时，这些便利贴就派上用场了。把各种观点和想法通过便利贴呈现在墙上，不仅让我们更容易看到大局，也使我们对"什么内容需要保留""什么内容可以删减"等一清二楚。

　　虽然你可以用各种软件去制作可视化的图像，并将它们应用在演讲中，但是演讲的最终目的是与观众互动和交流。不管你是要说服观众、宣传活动还是分享知识，这些都需要模拟构思。所以在演讲准备阶段，在明确演讲的内容、目的及目标的时候，用模拟构思的方法才能让整场演讲自然流畅。

　　现在，不管是我，还是我的学生或企业客户，我们的演讲都会先以一组结构化的便利贴形式出现，而这组便利贴，有可能是在一本日记本上，有可能是在白板上，甚至有可能在窗户上。

要想拥有创造力，你必须具备灵活运用独处时间的能力，也要克服孤独所带来的恐惧。

——罗洛·梅（Rollo May）

提问的艺术

想象一下，一个人被箭射中后不是立即请求医疗救助，而是问射中他的那支箭是从哪张弓射出的，弓是谁造的，造箭和弓的人又是些什么样的人，他们为什么要为这支箭选择这个颜色以及弓上用的什么弦等，这得多可笑。因为他问的都是些无关紧要的问题，而忽略了最为紧迫的问题。

我们有时也会这样，我们常常追求那些短暂的东西——更高的薪水，完美的工作，更大的房子，更高的地位，忽视了眼前的现实，终日患得患失。我们只要睁开眼睛，就能看见生活充满了苦（痛苦、灾难、丧失、不满等）。同样地，如今的商界和学术界，有相当一部分的演讲带来的只有"苦"：演讲效果差，浪费时间，演讲者和听众都怨声载道。

如何做演讲，如何让演讲效果更好等问题，时至今日，很多专业人士对此展开了讨论。对他们来说，这个问题既痛苦又紧迫。然而，大部分的讨论集中在软件和技巧上，比如：应该用什么演示软件？应该用 Mac 还是 PC？用手机可以做幻灯片吗？哪种动画和过渡效果最好？哪种遥控器最好？这些问题虽然不至于无关紧要，但它经常主导着关于演讲效果的讨论。对技巧和软件的过分关注会让我们分心，使我们无法深入探讨应该重视的问题。在准备阶段，许多人花费过多的时间用来调整幻灯片上的字体和图像，却没有花心思去思考如何塑造最有效、最难忘和最适合观众的故事。

错误的问题

如果我们过分沉浸于讨论软件技术和动画特效，那我们就像那个身中箭矢的人——在这么危急的情况下，我们却只关心无关紧要的问题。

我经常被问到的两个无关紧要的问题是"每张幻灯片应该要有多少个信息点？"和"每次演讲应该用多少张幻灯片？"我的答案是："这取决于很多因素，要不什么都不用？"这个答案会让提问的人陷入深思，但显然这不是一个受欢迎的答案。关于每张幻灯片放多少个信息点的问题，我会在第 6 章提到。至于每次演讲用多少张幻灯片最好，这个问题真的无法回答，因为涉及的因素太多，没办法制定一个具体的规则。我看过一个演讲者只用 5 张幻灯片，却给出一场漫长且无聊的演讲，也看过另一个演讲者用超过 200 张幻灯片，做了一场引人入胜的演讲。幻灯片的数量并不是关键，如果你的演讲效果出众，观众不会知道，甚至不会在意你到底使用了多少张幻灯片。

我们应该提问的问题

假设你现在独自一人，面前有纸和笔，心情放松，思绪平静。想象一下你要（注意，这里是说你主动想要做的，而不是被迫要做的）在下个月，或者下周，甚至明天要做一场演讲。然后回答以下问题：

- 演讲的时长是多少？
- 演讲场地是怎样的？
- 演讲在当天什么时间开始？

- 观众是谁？
- 观众有什么背景？
- 观众希望从我这里得到什么？
- 为什么要我来做演讲者？
- 我希望观众做什么？
- 哪种演示方式适合本次演讲的场地和观众？
- 我演讲的最终目的是什么？
- 演讲的内容框架是什么？
- 我演讲的核心观点是什么？这是最为本质的问题。或者这样问：如果观众只能记住你演讲中的一点（那也很幸运了），你希望那会是什么？

两个问题：你的观点是什么？为什么重要？

我参加过许多演讲，演讲者大多都是某一领域的专家，他们用幻灯片向外行的观众展开演讲，这也算是常见的情境了。比如，一个生物燃料技术领域的专家被邀请到当地商会，做一个关于该领域以及他公司情况的演讲。最近我就参加了这样一个活动，演讲结束一个小时后，我意识到这场演讲算得上是一个奇迹：因为它让我开始相信，即使是用我的母语英语来讲述，甚至还搭配上幻灯片辅助，我竟然连其中的一个观点都没听明白！我完全不知道他想表达什么！如果可以，我真希望他能把我的一个小时还回来。

浪费时间并不是软件和幻灯片的错。如果演讲者在准备演讲时考虑好下面这两个问题，他的演讲一定会有极大改善。

- 我到底要讲什么？
- 我讲的内容为什么重要？

对于演讲者来说，找到他们的核心信息并清晰地表达出来，已经足够困难了。但"我讲的内容为什么重要"才是真正棘手的问题。这是因为演讲者对他的材料太熟悉了，让他产生演讲的内容很简单的错觉，以至于他觉得随便讲讲观众就能听懂。而事实上，这恰恰是观众最希望你展开讲讲的重点。"我们为什么要在乎呢？"通常自以为十分明显的道理别人却不一定理解，或者即便理解也不知其意义何在。在这种情况下，除了晓之以理之外，还要动之以情，调动情感因素使观众信服，使他们为之动容。因此，在准备演讲素材的过程中，优秀的演讲者会站在观众的立场上，设身处地来考虑他们的感受。这也就是我之前所称的"共情"。

说回我浪费的那一个小时，那位演讲者其实是一位极富智慧、获得过不少成就的专家，但他的演讲还没开始就注定失败了。他的幻灯片看起来和他之前为公司的技术人员演讲时使用的幻灯片是一样的，这表明他在准备阶段没有考虑到演讲当天的观众。另外，他也没向观众说明"演讲内容为什么重要"这一重要问题。一场优秀的演讲，就是演讲者通过自己的演示让观众有所收获的过程。显然那位专家在准备演讲时并没有意识到这一点。

那又怎样？

当我在准备自己的演讲，或帮助别人准备材料的时候，我经常会用日语问自己："那又怎样？"或者"你想说什么？"

在构思你的演讲内容时，你一定要站在观众的角度，问问自己，"所以呢？"在整个构思过程中，要多问自己一些尖锐的问题。比如，"这部分内容和我的观点有关吗？""这张素材的确很好看，但它对演讲内容有什么辅助作用吗？""我用这张图是否只因为它很好看？"你一定要从观众的角度去思考演讲者的信息是如何支持和辅助他的核心观点的。如果你回答不出诸如上面那些尖锐的问题，那就把这一部分内容从你的演讲中剔除出去。

你能通过"电梯测试"吗？

如果"那又怎样"的方法对你不起作用，那就可以试试"电梯测试"，检验你对演讲的核心信息是否清楚。这个测试要求你在 30 ～ 45 秒内说清楚你演讲的本质内容。想象一下，你在一家世界领先的科技公司工作，即将要向公司的产品营销负责人推荐一个新的想法，虽然时间和预算都很紧张，但如果你成功得到决策层的认可，这将是一个非常重要的晋升机会。当你来到副总裁办公室外面时，他却提着公文包走了出来，他说："对不起，我临时有点事，我们边走边说。"在这种情况下，你能利用电梯里和走到停车场的这段时间，清晰地讲出你的想法，并获得副总裁的认可吗？当然，上述这种情况在现实生活中发生的概率很小，但也不能排除这种可能性。然而，生活中更有可能的是，你被临时要求缩短演讲的时间，比如：从 1 小时缩短到 30 分钟，甚至从 20 分钟缩减到短短的 5 分钟。想象一下，你还能做到吗？当然，你可能不会碰到这种突发情况，但是通过模拟类似的情况，能使你演讲的内容更紧凑，结构更清晰。

图片来自 Pearson Asset Library。

图片来自 Pearson Asset Library。

讲义的重要性

如果你在演讲的准备阶段为观众制作了讲义，那么你在演讲的时候，就不用因为担心自己讲得不够全面而感到压力巨大。准备一份合适的讲义可以让你在演讲中专注于讲解最重要的内容。同时，你也不会担心演讲时跳过图表、数据或相关信息会带来什么麻烦。很多演讲者总是担心自己遗漏了什么导致影响演讲效果，"以防万一"地把各种各样的相关信息都加到幻灯片里，或者单纯地希望通过这种方式来显示他们是"认真负责的人"。他们喜欢把幻灯片当作讲义，所以经常会把大量文本、详细图表等信息放进幻灯片里，这就大错特错了！正确的做法是：讲义做全，幻灯片做简。记住，尽量避免直接把你的幻灯片打印出来当作讲义发给观众。为什么？身为演讲大师和纽约最成功的科技大亨之一的大卫·罗斯（David Rose）对此是这样解释的："绝对不要把幻灯片打印出来发给观众，尤其是在演讲之前，因为那样意味着演讲的失败。从本质上讲，幻灯片是演讲者的辅助工具，它们是需要演讲者来阐述的。因此，如果只是把它们发给观众，那么它们只会分散观众的注意力。想想看，如果单纯看幻灯片就够了，那还要演讲者站在那里干什么呢？"

幻灯片、笔记、讲义

一般来说，演讲材料分为幻灯片、笔记和讲义三个部分，如果你理解各个部分的作用，就不会把演讲的所有内容都塞进幻灯片里。因为你可以把部分内容放在你的笔记或者讲义里（作解释或演讲备份之用）。演讲大师克里夫·阿特金森（Cliff Atkinson）曾提出过上述观点，但大多数人仍然习惯把幻灯片填得满满的，上面附有大量的文本以及难以辨认的数据等，然后他们会将幻灯片打印出来作为讲义发给观众。

幻灯片与讲义的区别

幻灯片和讲义是两回事，如果强行把两者结合在一起，就会变成所谓的"幻灯片文档"。为了节省时间，很多人会把"幻灯片文档"当作一箭双雕的捷径。想法是好的，但结果却不如人意。这种为了节省时间而把"幻灯片文档"作为讲义并导致演讲失败的做法，令我想起一句话：一心二用，得不偿失。

幻灯片应尽可能做到视觉效果好，从而使论证更为有力、有效。而阐述内容、依据和调动气氛等则是通过口述来达到的。至于会后发放的讲义，又是另一回事。观众拿到讲义，身旁没有你的讲解，所以讲义至少要做得与现场演讲有同样的深度和广度。通常来说，讲义应提供更深、更广的信息，因为此时观众是在自己读，而不是听你说。有时候，演讲中使用的材料摘自演讲者所著的书籍或期刊，要是那样的话，讲义可以很简约，因为观众完全可以从相应的书籍或期刊中获取更多有关信息。

"幻灯片文档"的魔咒

现在的职场中，粗制滥造、毫无新意的幻灯片随处可见，原因之一是许多会议组织者要求演讲者严格按照统一的公司模板来做幻灯片，并早在会议开始前就要提交幻灯片。组织者随后打印出这些所谓"标准化"的幻灯片，放进会议手册夹或拷入 U 盘，让会议出席者带回。组织者这样做的初衷，是使这些幻灯片既可以辅助演讲，还能用作重要的讲义供观众会后阅读和参考。这样一来，演讲者便处于两难的境地，不得不问自己："我设计的幻灯片主要是为现场演讲服务还是要供观众会后阅读呢？"于是，许多演讲者便选择了一个两者兼顾的折中办法。这样制作出的幻灯片既对演讲没有任何帮助，打印出来后也不便阅读（观众也就不会去看）。这类"幻灯片文档"之所以不易阅读，是因为上面满是各式各样的图文框，显然称不上什么文档了。

　　"幻灯片文档"不高效，也不美观。试图把幻灯片既作为现场演示文稿又用作会后讲义只会导致演讲一败涂地。可惜，如今这一做法很典型，也十分普遍。PowerPoint（或Keynote）软件是用来展示视觉信息，并帮助演讲者阐述道理、证明观点，从而使观众有所收获的一种工具，它们并不是创建文本的好工具——那是文字处理软件的事。

　　会议组织者为什么不要求演讲者另附一份涵盖了演讲要点，且内容充实、深度适中的书面文件呢？使用 Word 文档或 PDF 文件会很合适，上面可以标明文献资料，并提供一些链接供感兴趣的观众自己研读。会议结束后，谁会去阅读那些打印出来的"幻灯片文档"呢？大家最多不过瞅几眼那些模糊不清的标题、要点、图表和图片等，然后凭借自己的推断去获得一些理解。没过多久，他们也就放弃了。但如果有一份书面材料摆在面前（假设撰写得当的话），那观众就有机会对演讲主题进行更深入细致的理解。

　　要使演讲做到与众不同、有力有效，两样东西不可少：其一，内容详细、文笔流畅的讲义；其二，简明扼要、图文并茂的幻灯片。如此一来，演讲者的工作量就大大增加了，但却能实在地提高演讲的质量。这不是为了让演讲者更轻松，而是让观众更轻松。

避免幻灯片文档化

　　下图中左边的幻灯片分别用两种形式的柱状图显示了 45 个国家的肥胖率。这两个柱状图是在 Excel 中制作的，然后粘贴到 PPT 里。将 Excel 或 Word 文档中的详细数据粘贴到 PPT 里是很常见的做法，但没必要把所有信息都复制过来。演讲时如果需用到大量的数据，可以在讲解时把相关资料以讲义的形式发给观众（由于分辨率较低以及屏幕面积有限，图表上小字号的数据是无法清晰演示的）。可行的做法是摘取最有用的信息放入幻灯片中。例如，此处的两张幻灯片，演讲者的意图是要说明美国的肥胖率远远高于日本，那就没必要列出如此多的其他国家的相关情况。至于这些相关的信息，完全可以印在讲义上，留待观众回头自己看就可以了。

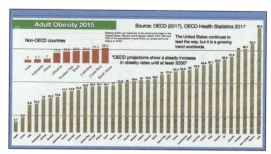

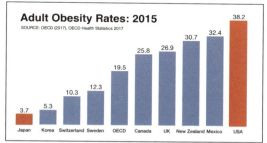

与其使用一个详细的图表，使得画面显得拥挤且难以阅读，不如为幻灯片创建一个更简单的视觉效果，并将详细的图表和表格放在讲义中，你就有更多的空间以合适的布局呈现细节。

精心策划的好处

如果你准备充分，就能在演讲中讲好你的故事；如果你可以通过"电梯测试"，你就能在任何情况下都很好地表达你的核心想法。我的一个在新加坡的朋友吉姆给我发了一封邮件，跟我分享了他的一段有趣经历。在这里我也与大家分享，目的是告诉大家，如果在演讲的准备阶段能做到理清思路，明确中心，那么你的演讲效果会大大提升。

亲爱的加尔……我有一个创意一直想汇报给客户。他终于同意下周和我见面。我知道那个人不能长时间集中注意力，于是我在准备报告时力争做到一切从简，从内容、核心观点到图表，我都精益求精。那天我进入办公室，寒暄几句之后便直奔主题，没多久我就已经把所准备的要点都讲完了，而他居然表示可以进一步再谈！随后他看了下手表，说很高兴见到我并对我的来访表示感谢。我送他出大楼时碰到了我的两个下属，他们悄悄和我说："嘿，你都没把报告给他就把目的达到了，真是神了！"

与此同时，我自己也深感困惑："我辛苦准备的报告，他甚至都没看一眼！制作它们可花了我不少时间！"随后我便恍然大悟，演讲的准备其实就是理清思绪、确定重点，从而使观众听得明白的过程。正是因为做了充分的准备，我才能顺利地阐述我的观点和思想。单单是那些图表，就可以使我记起所讲的内容，尽管观众没有看到，但它们已经是演讲不可分割的一部分了。

吉姆的这个例子很好地说明了充分的准备可以使你对演讲的内容了如指掌。有了充分的计划准备，就算是出现投影仪突然发生故障，或客户临时要求演讲时不用幻灯片等意外情况，我们也能够从容不迫地继续讲述下去。

准备阶段需要确保思路清晰，畅通无阻。我热爱科技，而且我承认幻灯片制作软件在许多情况下的确十分有用。但在准备阶段，还是用"模拟策划"的办法更好。你只需要几张纸、一支笔、一块白板，或是带着狗去海滩散步时随身携带的小笔记本……只要是对你有用的都可以。你和你的想法（以及你的观众）才是重要的。因此，在准备之初，应避免受到电脑的干扰，这个阶段是最需要创意的时候。至少对我来说，离开电脑才能让我保持思路清晰，明确演讲的主旨。

在准备阶段远离电脑、放慢思绪、使用纸笔或白板等做法是为了更好地抓住并掌握核心内容。核心思想就是重中之重。还是那句话，如果你的观众只能记住你演讲的一点，你希望那是什么？为什么呢？在明确中心思想以后，你可以将一些想法先写下来，然后组织和设计幻灯片或其他多媒体材料，进一步说明和充实演讲的内容。

你的核心要点是什么？

本章要点

◎ 慢下来，才能更清晰地看到你的问题和目标。

◎ 利用好独处时间，看清问题，掌控全局。尝试一次"森林浴"。

◎ 相比于"数字化策划"，"模拟化策划"更能让你专注于内容的梳理，所以请你先远离电脑。

◎ 在准备阶段，先用纸、笔和白板来记录和勾勒你的想法。

◎ 关键问题：你的核心观点是什么？它为什么重要？

◎ 如果你的观众只能记住一件事，那应该是什么？

◎ 准备一份详细的讲义，避免把所有内容都放入你的幻灯片。

第 4 章

打造故事

在没有电脑干扰的情况下，你独自一人或与大家聚在一起一同寻求灵感。你不时停下来纵览全局，明确核心思想。虽然有些细节问题还有待充实，但你对演讲内容的了解已更加清晰和明确。下一步要做的就是为演讲的核心思想、事实以及理论依据组织一个逻辑框架。这个逻辑框架有助于你将演讲内容安排得有序得当，令你在演讲时更加流畅，同时也使演讲内容更易于被观众理解。

在你将想法呈现到 PowerPoint 或 Keynote 上之前，一定要考虑，如何让你的演讲与观众产生共鸣？是什么让你的演讲绝对精彩，令人难忘？如果你希望做一个令人难忘的演讲，那么你需要考虑如何打造能够深入人心的内容，让人印象深刻。

要让演讲内容令人难忘，故事是一个必不可少的要素。我们一直在讲故事。回想一下，你可能有过跟一群朋友出去游玩，然后晚上围在桌前讲述各自故事的经历。无论是讲故事还是听故事，都能让你有一种陶醉其中、难以忘怀的感觉。

什么使得信息深入人心？

大部分著名的有关演讲技能的书籍并不讨论演讲本身，也不讨论幻灯片软件的使用。奇普・希思（Chip Heath）和丹・希思（Dan Heath）兄弟俩的《让创意更有黏性》（*Made to stick*）一书就是其中的代表。希思兄弟感兴趣的是，为何有些做法能吸引人、令人印象深刻，而有些则行不通。对此，他们总结了演讲的六个原则：简约（Simplicity）、意外（Unexpectedness）、具体（Concreteness）、可信（Credibility）、情感（Emotion）和故事（Story）。而这些英文单词的首字母刚好能拼成 SUCCES（成功）。

这六个原则要用在演讲（不管用不用幻灯片）中是很容易的，但是大多数人却做不到。为什么呢？希思兄弟把最大的原因归结为"知识陷阱"。所谓"知识陷阱"，是指演讲者在演讲过程中没办法跟外行的观众产生共情，考虑不到他们的观感。演讲者往往用高深和抽象的话术对主题高谈阔论，他认为自己讲的内容浅显易懂，但没想到不具备相关知识背景的观众理解起来相当困难，甚至根本不清楚他讲了什么。谨记上述六个原则，就能避免掉入"知识陷阱"，让演讲内容令人难忘。

下面这个例子，可以说明留存持久、有力的言语和枯燥无力的言语之间的区别。以下两句话意思相同，其中一句你肯定很熟悉。

"我们的任务是通过团队革新和航天战略计划部署成为世界太空业的先驱者。"

"……在这一个十年实现把人送上月球并安全返回地面。"

第一句话听起来像是当今某个 CEO 说的，理解起来都很困难，更别说使人印象深刻了。第二句话其实是约翰・肯尼迪在 1961 年做某个演讲时说的，这句话激励了一个国家为航天事业的发展而努力，改变了整个世界。肯尼迪或者他的讲稿撰写人非常清楚，抽象的话语是无法令人印象深刻而使人受到鼓舞的。但是现今又有多少 CEO 开口不是"使股东的利益最大化"之类的话呢？在我们阐述想法或构思演讲时，需要记住并运用这六个原则。

- 简约。如果每件事都是重要的，那就没什么是重要的了；如果每件事都要优先考虑，那就没什么优先权可言了。你要果断地简化你的信息（不是过度简化），努力做到去其浮华留其精髓。只要你肯下功夫，任何信息都可以用最精练的语言表达。你的演讲想说明什么？实质是什么？其意义何在？这些便是准备阶段时应考虑的问题。

- 意外。你可以通过使观众感到意外而引起他们的兴趣。让观众惊讶一下，会令他们兴致盎然。但要维持这种兴趣，你需要不断激发他们的好奇心。最好的办法就是向他们提问或使其生惑，再解惑。先使观众意识到他们知识上的漏洞，然后通过向他们提供答案或加以引导，填补这个知识漏洞。这就好比你带领观众开启一个探索之旅。

- 具体。不要使用抽象的概念，多举些实例使演讲的内容具体化。有图有真相。希思兄弟指出，谚语是个不错的选择，它能把抽象的概念具体化、简单化，同时使之有说服力、令人难忘。比如，"一石二鸟"这个谚语是不是要比"通过提高各部门的工作效率使生产力达到最大化"更加简约却更有说服力呢？肯尼迪的那句"送人去月球再返回"也是如此。具体实在的事物更容易使人明白。

- 可信。如果你在某研究领域有所作为且很出名的话，你就拥有了内在的可信度（但现在看来越来越不是这么回事）。但是多数人并没有那种可信度，所以，为了证明某一说法，必须用事实说话。比如，为了证明我们是市场的领头羊，就要列举出客观的数据。希思兄弟说，单纯的统计数据并没有多大意义，关键还要看其背景和内在含义。说话时要多用一些人们容易联想到的事物。举个例子，"五小时的续航时间"和"拥有足够的电量，使你从旧金山飞往纽约的途中可以用 iPod 无间断地观看你最喜欢的电视节目"，这两种说法哪个更具可信度呢？建立可信度的方法有许多，如援引某客户或媒体的话语等。相反，长篇叙述公司的历史只会使观众生厌。

- 情感。人是情感动物。仅仅向观众放一遍幻灯片是远远不够的，你还必须唤起他们的内心感受，方法非常多，图片的使用就是其中之一。图片不仅能够帮助观众更好地理解所讲要点，还能触动他们的内心，激发他们对所讲内容的情感体验。

例如，当介绍美国卡特里娜飓风和洪水泛滥造成的严重后果时，你可以陈列要点、数据，但是，记录灾后事发地混乱情况以及人们痛苦表情的照片所取得的效果是文字、数据所无法企及的。一提到"卡特里娜飓风"，人们脑海里就会浮现一系列灾难性的画面，历历在目。人与人之间存在着情感维系，而不只是抽象的字符。可能

的话，尽量使表达更加人性化。例如，"100 克脂肪"对你来说是个很具体的概念，但对其他人来说可能很抽象。一张堆着一大包薯条、两个汉堡包和一大杯巧克力奶昔的图片就能帮助人们理解"100 克脂肪"的概念，进而唤起他们的情感体验。

- 故事。我们无时无刻不在讲述故事，这是人类交流的方式。除了使用语言讲述故事外，我们还可以通过艺术或音乐的形式与人沟通。我们在故事中学习和成长。在日本，新员工刚入职，往往都会由老员工帮助他们了解公司的历史、文化以及工作职责等。老员工们使用的就是讲故事的方法。以戴头盔为例，师傅们会说某某某在工地没戴头盔而发生了惨剧，这样徒弟们一下子就记住了，每次去工地时都会记得戴上头盔。相比死板的条文，故事更能引起人们的注意，并容易让人牢记。好莱坞、宝莱坞大片也好，独立电影也罢，为什么人们这么喜欢看电影呢？难道不是因为其中吸引人的故事情节吗？那为什么轮到聪明能干的故事迷们做演讲的时候，他们不使用故事、实例或插图去论述问题，而偏偏选择晦涩难懂的话语呢？伟大的创意和精彩的演讲都是有故事元素的。

我经常在演讲中使用这些幻灯片，来回顾奇普·希思和丹·希思在《让创意更有黏性》一书中提出的关键理念。

故事与讲故事

在文字出现之前，人类就通过故事的形式，使文化代代相传。故事成就了今天的我们，而我们本身也是故事的一部分。在讲故事时，讲述者可以使用类比或比喻的修辞手法，把人们带进他的世界，理解他的思想。优秀的演讲必然包含故事。杰出的演讲者常常通过亲身经历去表达观点和看法。向别人解释较复杂的想法时，最简单的办法就是运用具体事例或故事进行论述。故事往往能够给观众留下更深的印象。如果你希望他们记住你的内容，不妨多用一些有趣、精练的好故事或事例来强化你的核心思想，从而在他们的脑海里留下更深的印记。

　　一个好故事，开头往往引人入胜；中间部分内容翔实，感人肺腑；结尾部分则简明扼要。我所讲的可不是如何创作小说，但不管怎样，一个故事的构成大致就是这样。还记得我之前谈到的纪实电影吗？那不就是在讲述一个个真实的故事吗？它们不是简单地陈述事实，而是以故事的形式使观众仿佛置身于硝烟弥漫的战场、科学探索、海洋拯救大行动或气候变化等环境之中。如果大脑告诉我们一件事对我们的生存来讲不重要，那我们很容易就会忘记它。我们知道，要想通过考试就必须看教科书，可是，大脑却告诉我们那些课本太枯燥、太乏味，对于生存根本就微不足道和无关紧要。大脑所关心的是故事情节。

故事的力量

　　讲故事是吸引观众、满足他们对于逻辑、结构以及情感方面需求的一个重要方式。人们倾向于以叙事的形式记忆他们的各种经历，而叙事结构最利于提高学习效率。人类利用听觉和视觉来分享信息的时间要远远早于通过阅读书目来获取信息的时间。2003 年的《哈佛商业评论》中，一篇关于故事的力量的文章阐明，讲故事的能力是人们在商业中发挥领导力和促进沟通的关键。"忘记那些 PowerPoint 和数据吧，只有讲述故事才能深深打动观众。"

　　在接受《哈佛商业评论》的采访时，编剧教练罗伯特·麦基（Robert Mckee）谈到，领导者的很大一部分工作就是鼓舞员工以达到某些目标。麦基说："为了激发他们的积极性，必须打动他们，打动他们就要讲故事。"在当今商业世界，说服他人常通过精彩的演说完成，如幻灯片演讲，领导者在演讲中利用一些资料和数据来说明问题。但是仅仅依靠数据还无法打动观众，他们未必相信这些数据。"数据是会被造假的……正如财务报告并不一定真实可信。"麦基称,花言巧语是不可取的,因为当我们在陈述观点时,其他人正基于自己的数据和信息提出与我们不同的意见。即使你通过论证成功说服了他们,但还不够。因为"激发他人,不仅需要晓之以理",关键还要"动之以情",最好的方式就是讲故事。"在讲故事的过程中,你不仅传递了大量的信息,也调动了观众的情感和能量。"

寻找矛盾

如果一个故事从头到尾的情节都在观众的预料之内,那会很无聊。我们最好把故事情节描绘得"跌宕起伏"且出人意料。麦基说,生活的乐趣常在于"黑暗的一面",努力克服那些负面力量能使我们活得更加坚定。克服这些负面力量充满着乐趣,能给人留下深刻的印象。这样的故事才更加具有说服力。

一个故事,最重要的就是要突出矛盾。矛盾或冲突带来戏剧性的效果,也是故事的核心。从本质上来讲,正是残酷现实和美好愿望之间的冲突构成了故事。故事就是要有失衡、棘手的麻烦局面。优秀的故事讲述者能够在讲述中突出如何应对这些负面力量,包括利用匮乏的资源解决工作困难、做出两难的抉择、开始一段科学探索的征程等。人们总是喜欢呈现那些美好的(也是平淡的)东西。麦基说:"作为一名故事讲述者,你需要突出存在的问题,并展示如何应对它们。"如果你讲述的是如何与对手抗衡的故事,那么观众会对你以及你演讲的内容非常感兴趣。

具有吸引力的对比

不论我们谈的是平面设计还是故事情节,对比的原则都是必不可少的。对比就是突出对立的方面,而人们十分善于发现这种对立。讲述故事或拍摄电影时都要运用对比的手法。例如,在电影《星球大战4:新希望》中,正义的反叛同盟与死亡之星及邪恶帝国就形成了鲜明的对比。对比也存在于同一方的不同的人物之中,年幼无知而理想化的卢克·天行者就和成熟睿智且现实的欧比旺·克诺比形成了鲜明对比。这些人物之所以令星战迷们疯狂，就是因为他们自身的反差以及一系列的自我妥协过程。就连机器人R2D2 和 C3PO 也是受人喜爱的角色，很大程度上就是因为它们迥异的个性。

你也应在自己的演讲中寻找对比，例如之前和之后、过去和未来、曾经和现在、问题和解决方案、争论和和谐、增长和下降、悲观和乐观等。这些对比能够自然而然地把观众带进你的故事之中，让他们留下更为深刻的印象。

在演讲中讲故事的原则

我们用来准备演讲的时间往往并不充裕，或者说我们很难在短时间内确定演讲的内容。我在这里提供三个简单的步骤，便于较快地准备演讲内容。

演讲内容的基本要素：

明确问题所在，可以是你的产品可以解决的一个问题；

明确造成该问题的原因，围绕这个问题举例说明其所带来的冲突；

为何以及如何需要解决这个问题，提供解决这一冲突的方案。

从根本上说，就是要引出存在的（或曾经遇到的）问题，并说明解决这一问题的办法。同时说明这些对于观众来说都是有意义和相关的。请记住演讲内容的顺序性，即一件事情先发生，然后导致另一件事的发生，以此类推。要让观众经历从冲突出现到冲突被解决的全过程。如果能做到这样，你就已经远远超过大多数的演讲者了，因为他们的做法只是简单地回顾谈话的要点，并把信息播报出去而已。观众不容易记住要点，但却可以记住故事内容。这也是我们理解和记忆某一经历的方法。罗伯特·麦基想要表达的是，如果你想把自己的经历作为故事放到演讲中，那就大胆去做，尽情向观众讲述与演讲话题有关的某次经历吧，不要自设羁绊。

故事和情感

我们的大脑比较容易回忆起有着强烈情感元素的经历或故事，正是由于这些情感的印记，我们才能够对与之关联的经历和故事印象深刻。在今年年初的人力管理课上，四名学生做了一场关于日本就业保障的演讲。三天后，当我问班上其他学生印象最深的是哪一点时，得到的答案并不是劳动法、劳动原理或日本劳动力市场的变化，而是日本职员过劳死和自杀的问题。虽然演讲者在一个多小时的演讲中只用了很短的时间谈到这些问题，也许谈到过劳死的时间只有短短 5 分钟，但却给观众留下了最深的印象。其中的道理很好解释，工作过劳死以及高自杀率的问题非常敏感，而且能够激起观众的情感，对于这些，人们很少公开谈论。而那四名学生在演讲时引用了真实的案例，向观众讲述了日本职员因工作劳累导致死亡的真实故事。凭借这些内容，他们和观众建立了关系，同时触发了观众的一系列情感，包括惊讶、同情心和同理心等。

纸芝居：以图叙事的启发

日语"纸芝居"是一种互动式讲故事的方式，它结合了手绘图画和讲述者的现场表演。"纸"的意思为图画；"芝居"则指表演。"纸芝居"是一边展示图画一边讲述故事的表演，起源于几百年前日本"绘解"和"绘卷"的传统。人们今天所看到的"纸芝居"大约从 1929 年发展起来，并于 20 世纪 30 到 40

年代流行开来。随着 20 世纪 50 年代电视的引进而逐步衰败。"纸芝居"由一位表演者、一个小木箱（微型舞台）以及 12 ～ 20 张与故事配套的图画卡片构成。表演者通常站在微型舞台的右边，微型舞台则连在表演者的自行车上，表演者一边向围观的孩子们售卖糖果，一边用不同的连续的图画讲故事（以此来挣点小钱）。他们需要根据故事情节以不同的速度更换手中的图卡。最好的"纸芝居"表演者并不是看图说话，而是把目光集中在观众身上，偶尔看一下微型舞台上的卡片。

"纸芝居"不同于连环画，就像现代的幻灯片演示不同于传统文档一样。就连环画而言，图画上的细节和文字往往更加丰富，但通常由读者一个人完成阅读。而"纸芝居"则需要一位表演者向围观的人群展示图画内容并讲述其中的故事。

尽管"纸芝居"是一种 20 世纪 30—40 年代流行的以图叙事的表演方式，但它如今仍然具有启迪意义。《纸芝居教室》的作者泰拉·麦高恩（Tara McGowan）把"纸芝居"比作电影画面，她说："每一张图画在人们眼前停留的时间很短，因此故事的外在细节会有所削减，有可能造成误解。所以每一张图画的设计就非常重要……（表演者）要让观众把注意力集中在和每张图画有关的关键人物和布景上。如果一目了然和表现平实是我们的表演目标，那么这种方式是最好的选择。"我们很容易就能想象出该如何把"纸芝居"的表演精髓运用于当今的多媒体演示。以下是我从"纸芝居"中归纳得出的五条启示：

1. 画面要大且清晰可辨。
2. 图画元素应填满画面。
3. 图画要起到画龙点睛的作用，而不是仅作装饰。
4. 精简细节。
5. 使演讲具有参与性。

故事和真实性

我见过一些相当不错（但称不上完美）的演讲，虽然演讲者所用的语言和幻灯片设计平凡朴实，但效果却出奇的好。原因是演讲者简明扼要地叙述了不少故事，并以此去论证其观点，同时，演讲者在讲故事时自然放松，不拘泥于形式。因此，仅有各种观点是不够的，你还要用最真实的语言将其表述出来，使观众能直观地感受。

今年年初，我观看了一场日本著名外企 CEO（首席执行官）的精彩演讲。他的幻灯片其实设计得很一般，而且他还犯了个错误，请了两位助手去配合他播放幻灯片。那两位助手好像不太熟悉幻灯片播放软件，总是放错幻灯片。每当这个时候，那位 CEO 就会耸耸肩说："呃，没关系，我想说的是……"他就这样将演讲继续下去。他将公司过去的失误以及目前的成就娓娓道来，其中蕴含的商业哲理远比商科学生在整个学期里学到的还要多，并且令人印象深刻、难以忘怀。

如果幻灯片设计得更好些，又没有出现播放错误的话，那场演讲一定会更棒。但就在这种情况下，那位 CEO 居然能把演讲做得如此成功，相信我，这在如今的演讲中实属罕见。那位 CEO 演讲成功的原因可以归为以下四点：①他对演讲内容了如指掌，将要说的内容熟记于心；②他站在了观众的正前方，以真切感人又充满激情的说话方式进行演讲；③他不受制于技术上的干扰，当幻灯片出现问题时，他能够保持冷静，继续自己的演讲，牢牢地抓住观众；④他用真实故事情节或幽默的轶事来说明自己的观点，所有的故事情节既能打动观众，又能说明问题，对核心思想起到了支撑作用。

那位 CEO 之所以能够做出令人难忘、具有说服力的演讲，关键在于他的演讲很真实。他的讲述发自内心、充满感情，而不是像背书那样照本宣科。我们不会凭着记忆去讲述某个故事，如果这个故事对我们意义重大，那么我们根本不需要去刻意记住它。如果故事是真实的，它们就会自然地存在于我们的记忆当中，我们可以发自内心地去讲述它。把故事化为你内心的一部分，而不是简单地记住它们。你对某个故事相信与否是装不出来的。如果你不相信，你再怎么夸夸其谈、再怎么激昂澎湃，都是毫无意义的。那些连你自己都不相信的事情你又如何去说服别人相信呢？你说的只不过是一堆空话罢了。

不只是信息

　　某一领域的专家历来都是炙手可热的人才，渊博的学识能为他们赢得不菲的财富。在过去的确如此，因为那时想要取得信息是件十分困难的事。但那样的时代已一去不复返了。当今时代，你只要轻点鼠标，大量信息就会扑面而来。拥有信息在如今已经不是什么稀罕事了。当今世界，更重要的是对信息进行整合，并赋予其含义和见解。毕加索曾说："电脑很没用，因为它只会给出答案。"通过网络搜索引擎，我们的确可以获得日常所需的各种信息。但我们希望从眼前站着的演讲者身上获得的，不是单纯的数据或信息，而是隐含于这些信息和数据背后的深刻含义。

　　请记住，我们如今生活的时代对于人才的需求很大。任何人，甚至是机器，都能向观众说出一长串信息或一条条事实。但这不是我们希望看到的，我们真正需要的是那些充满智慧和情感丰沛的人去教导我们、激励我们，并使我们对所学的知识终生不忘。

　　故事往往就此展开。信息、情感、视觉效果，三者相结合，便构成了一个个扣人心弦的故事。如果演讲只是按照特定模式发布信息或者事实的话，恐怕如今也不会有人抱怨"深受 PPT 之苦"了，毕竟大多数演讲都是遵循着这种模式进行的。如果演讲的准备就是遵循某些模式或规定那样简单的话，我们又何苦自己去做它们呢？何不把事实、框架和要点等统统交给其他人来做？这样岂不更省时省力？

　　然而，所谓演讲，并非演讲者按照某一固定模式，将幻灯片上的内容诵读给观众。（若果真如此，何不取消会议？一封电子邮件不就都能搞定了吗？）人们希望的是面对面地真切交流，希望由你将信息娓娓道来。

找到你的声音

　　讲话的语气很重要。如果一个演讲者以一种充满人情味的语调同观众进行谈话式的交流，那么他一定会受到欢迎。人们为何会偏好那种语气呢？可能是由于大脑无法分清聆听（或阅读）他人的言语和真正与人交谈之间的区别吧。当你和某人交谈时，你通常会更投入，因为你需要参与其中。换句话说，你进入了角色。相比之下，那些毫无感情的正式演讲或书面语言很难让人始终保持注意力集中，你最多听几分钟而已。因为你需要下意识地提醒自己："振作一点，这个很重要！"但如果一个演讲者是以自然、交谈的语气来做演讲，你会感到十分轻松和惬意，也会更好地投入到话题当中。

以对话的方式演讲对观众来说更具吸引力，并且更能让他们参与进来。

数字化讲故事——演讲辅助手段

达纳·阿奇利（Dana Atchley）是数字化讲故事领域的一位传奇人物和先驱者。他的客户包括可口可乐、EDS（美国电子数据系统公司）、Adobe（奥多比系统公司）等著名公司。他还曾与苹果公司进行合作，是 AppleMasters 项目的创始人。20 世纪 90 年代，阿奇利致力于为各大公司的总经理构思和设计充满感情且有说服力的演讲。在此期间，他利用新技术开创了数字化讲故事，使用视觉上的辅助手段拉近了演讲者和观众之间的距离，使演说内容更能打动观众，令他们印象深刻、难以忘怀。如果阿奇利没有英年早逝的话，如今的演讲可能就不会像现在这样"折磨"人。对于数字叙事，阿奇利说："数字化讲故事是'新旧两大世界'结合的产物——以数字化视频、图片和艺术为代表的'新世界'和以讲故事为特点的'旧世界'。这意味着'旧世界'中使用的要点式幻灯片会被'新世界'中'煽情'的图像和声音等以故事为基础的辅佐手段取代。"

丹·平克1999年发表在 *Fast Company* 上的一篇名为《你的故事是什么》（*What's your story*）的文章中提到了达纳·阿奇利，以下是文章的节选部分。

商业交流为何总是那么单调乏味？几十年来，大多数商业人士呆板地站在演讲台前，用几张枯燥的幻灯片描绘其所谓的梦想、战略等属于他们自己的故事，我把这称为"公司怪圈"现象。数字化讲故事不仅仅是一门技能，事实上，它也在艺术家和商务人士中间掀起了一股潮流。

这段评论展现了未来商业演讲的美好前景。我读后心情非常激动，想象着将来"数字化讲故事"大放光芒的时刻。然而，自1999年以来，幻灯片演讲真正发生了多少革命性变化呢？如今，许多人确实如达纳·阿奇利所预见的那样在演讲中使用了数字化技术，但要消除"公司怪圈"这一现象，还有很长一段的路要走。

构思故事的步骤

幻灯片制作软件，尤其像存在已久并影响了一代人的 PowerPoint，都只是通过大标题、小标题和项目符号等模式引导用户制作幻灯片。这和高中写作课上老师讲的主题句有些相似，看似有逻辑，但如果那样设计，观众很快便会忘记其中的内容。而这时，故事板的使用就会十分有帮助。如果在准备阶段花点时间，按照逻辑顺序把一系列想法写在故事板上，就可以清晰地看到有关演讲内容的来龙去脉以及整体去向，真正做到感知演讲。

在没有电脑的干扰下确定演讲的中心思想之后，下一步就是把各种想法一条一条地写在故事板上，然后慢慢地搭建起演讲的框架。故事板最早被用于电影制作，如今更多地被商界人士采用。负责市场营销的职工尤其会频繁地使用故事板。

PowerPoint 和 Keynote 中最简便也最有用的一项功能就是幻灯片的缩略图预览功能。这样就可以把故事板上的想法和草图等植入其中。或者你也可以在纸上画出故事板或在白板上粘上便利贴继续进行"模拟构思"，随后再将其"数字化"。

虽然情况不尽相同，但是提高演讲效果的方法还是有不少的。我个人采用的从"模拟构思"转化到"数字构思"的方法就很常用，现实中有许多人都采用这种方法。然而，如今大多数企业家、职场人士或学生通常会先打开 PowerPoint，选取数张空白幻灯片后再逐步充实内容，如添加要点等。对此我感到很惊讶，因为这称不上很有效的方法。虽然这种做法很普遍，但我并不推荐你这么做。

在设计幻灯片的过程中，我通常采取五步走的方法。偶尔会跳过第三步和第四步，但如果是集体策划，那么第三步必不可少。对于做集体性演讲的学生来说，第三步尤为关键。具体步骤如下。

第一步：头脑风暴

在没有电脑干预的情况下进行模拟构思，充分运用右脑思维展开头脑风暴。我不会停留太久去分析某个想法，只是尽可能地让大脑运转起来，点子越多越好。我会把所有想法写在卡片或便利贴上，然后贴在桌子或白板上。你可以独自一人或多人进行头脑风暴，如果是后者，不要试图评判他人的想法，把它们写下来，与大家的想法放在一起即可。在这里，多么疯狂的想法也可以接受，因为这些"非常规"的想法或许在后面能够为演讲提供强有力的支撑。正如莱纳斯·鲍林（Linus Pauling）所说："拥有一个好点子的最佳办法就是获取大量的点子。"

离开电脑进行头脑风暴，这是一个非线性过程，想法越多越好，把它们都写在便利贴上。

第二步：归纳分类，明确中心

　　到了第二步，我会试着找出令观众印象深刻的中心思想。我会问自己，他们最想从我的演讲中获得什么呢？于是我会把所有想法分门别类，试图找出其统一的主题或中心思想。演讲可能由三部分构成，因此必须先找出贯穿整个演讲的主线，即中心思想。没人规定演讲非要分成三部分，但三部分的分法有助于内容细分得恰到好处，便于观众理解，使他们印象深刻。但是，不论把演讲分成几部分，主题是唯一不变的。它和中心思想是相辅相成的，而三分结构也是用来支撑中心思想和内容叙述的。

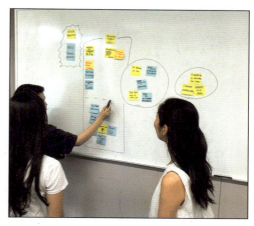

在日本京都技术学院举行的演说之禅研讨会上，参会者着手对头脑风暴产生的想法进行分类以归纳核心内容。

第三步：在纸上完成故事板

　　在纸上而不是电脑上进行故事板创作。我把在第二步中构思出的各种想法写在纸上，然后按顺序铺在面前。这种方法相较于使用软件的优势是，随时可以在合适的标题下面增加便利贴，添加必要的内容，同时保持对全局的把握。如果使用软件的话，则需要在编辑模式下添加新幻灯片，然后切换到预览模式来查看整体布局。其实在日本的商科学生中还流行着另一种好办法——打印空白幻灯片。每份纸上打印 12 张空白幻灯片，相当于大开面的故事板。如果需要更大的故事板，则每份打印 6 张。随后就可以把它们贴在墙上或铺在桌上，像便利贴那样使用，完成后还可以夹在笔记本里。你可以在打印出来的空白幻灯片上设计图画、标上要点等。

在对头脑风暴环节产生的一些想法进行筛选后，参会者开始对演讲内容进行排序，搭建演讲的结构。这个环节仍然比较混乱，因为他们需要继续删除或增加新的想法，使演讲的内容更加圆满。

第四步：画出草图

　　既然已经明确了演讲主题、核心思想和两到三个细节部分（包括数据、故事内容、引语和事实等），那就可以开始考虑绘制草图了。如何把想法以图画的形式表现出来，才给观众留下深刻的印象？可以使用草图簿、便利贴，甚至草稿纸，把你的想法在上面画出来。这些草图最后都会变成高质量的照片或图表等。你可以把草图直接画在第三步中的某些便利贴上，也可以在画在新的便利贴上。

这是根据约翰·梅迪纳在《让大脑自由》（*Brain Rules*）一书中提到的相关思想制作的 8 张幻灯片，主题是如何吸引观众。我并不准备拿这些素描去赢得什么艺术大赛，这并不重要，只要它们对我有意义就行。（这里展示的图画来自"演说之禅故事板素描簿"）随后，我把这些素描（原型）在电脑上用图片显示出来。

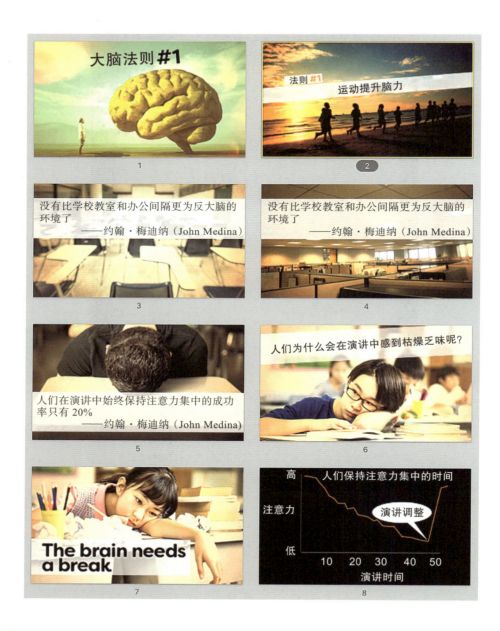

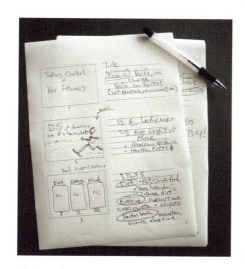

最终的三张幻灯片分别充当了标题、要点和提纲的角色。实际上，我在引出第三张提纲式幻灯片之前，使用了多张幻灯片介绍肥胖问题（幻灯片中的图片均来自Shutterstock.com）。

你也可以把第三个环节中产生的想法画成草图。在这个例子中，叙述要点被写在了幻灯片的旁边，而左边的草图最终会变成幻灯片。

第五步：完成大纲视图

如果你十分清楚演讲的结构，可以跳过第三步和第四步直接在软件里创建幻灯片的大纲视图。挑选幻灯片时应选择最简单的空白幻灯片模板（如果必须使用公司的模板，那就挑样式最简单的）。我通常先选择一张空白的幻灯片，然后加入文本框，设置好我最常用的字体和大小（你可以创建多个幻灯片母版）。随后我会复制几张幻灯片，因为那些幻灯片上会被添加上一系列内容，包括短句、词语、名人名言、图像和图表等。每一部分的头一张幻灯片——演讲达人杰瑞·威斯曼把它们叫作缓冲幻灯片，应该选择不同的配色方案，使它在大纲视图下能与其他的幻灯片区分开来。如果你愿意，也可以把它们设置为隐藏，只在普通的编辑视图中显示。然而，对我来说，这些处于每部分开头的幻灯片起到了承上启下的作用。

在幻灯片大纲创建完成后，就可以添加内容做进一步的阐述和说明了。首先，我会用一个开头做介绍或"提出问题"，从而引出中心思想。然后，我会将演讲内容分成三节，来论述观点或"解决问题"。这里的关键是它们都要围绕中心思想展开，做到内容翔实，幽默风趣。

上图：这是我经过第二步做的一个叫作"裸演讲"的演示提纲。我在这里用到了简单的手写本而不是便利贴，但是，基于这些想法我画出了大致的式样，并把一些关键字写在便利贴上，来完成第四步的结构搭建（未在此展示）

右图：第五步的故事板搭建过程，在将幻灯片添加到相应的部分之前，你可以清楚地看到简单的结构。幻灯片的总数最终远远超过这里展示的部分。

南西·杜尔特是全球领先的演示设计公司的负责人，世界著名公司及思想领袖中都有她的客户。南西还是几本畅销书的作者，包括她最新的作品《数据故事：用故事解释数据并激发行动》(Data Story:Explain Data and Inspire Action Through Story)。

故事板和幻灯片演示设计

如今人们的许多交流显得很空洞，让人无法捉摸。各种服务、软件、事业、思想领袖、变革管理和企业理念等，大多都是抽象的，它们短暂而不稳固。这不是它们的错。但是，这些概念过于抽象，我们阐述起来十分困难，观众也难以理解。为了使观众认为所述内容具体且可行，就需要把无形的事物直观地呈现出来，就像某种艺术形式一样。因此，演讲的第一步不是打开电脑，而是拿出纸和笔。

为什么会反对一开始使用电脑呢？那是因为幻灯片制作软件不可能帮助你产生灵感，它也不是画图工具，充其量只是各种想法的载体，而不是想法的源泉。我们许多人陷入一种误区，在设计之初就使用幻灯片软件去构思演讲的内容。实际上，最佳的创作过程是无须技术帮忙的，我们真正要用到的是那些伴随我们成长的工具——笔和纸，其目的是获得尽可能多的想法（此时还不一定是图画），它们可以是文字、图表或场景，可以是字面意思、也可以是引申意义，只要它们可以将你的想法呈现出来。这样做的一个好处是，不用去考虑怎样使用画图工具或者应该把文件存在哪里等问题。你需要做的已经信手拈来（别说你不会画画，你只是缺乏练习而已）。这就意味着你能在较短时间内想出众多的点子。

对我来说，一张便利贴上写一个想法最好。一般来说，如果你无法在一张便利贴上完整表达一个想法，则说明那个想法过于复杂。简明扼要是人们进行清晰交流的关键。

此外，使用便利贴的另一个方便之处是，你可以把它们进行任意地粘贴和排列组合，直到把演讲的整个结构搞清楚为止。另外，我公司的许多人喜欢使用故事板这一更为传统的方法，以线性的方式把各种点子写在上面，表达清晰而且详略得当，这个办法也非常好。介绍以上方法的目的，不是教你具体怎么做，而是帮助你较快地寻求更多的创意。

　　你往往一下子就能想到不少点子，这很好，但是不要认为那就足够了。鼓励自己继续想下去，产生更多的想法。这需要一定的磨炼和不屈不挠的精神，尤其是第一次尝试就成功的情况下更要坚持下去。尝试通过文字联想产生更多的想法。使用思维导图和单词风暴（word-storming）能帮不少忙（习惯使用数字技术的人在这一阶段或许更愿意用思维导图）。好点子往往会在四五个点子出现之后到来。千万不要害怕多想就会想偏，毕竟你也不知道结果会是什么，不是吗？一旦你有了许多想法，挑出和你试图要传达的理念相关的那些点子。在这个阶段，这些想法如何成形并不重要，重要的是确定它们可以用来表达你想阐述的内容。

　　顺便说一句，我们要避免使用拙劣的比喻。画面中是一个地球，它面前是两只握紧的手……如果你脑子里想到的是这些的话，那么赶快放下笔，考虑休个假或者做次芳香理疗什么的，以激发自己想出别出心裁的点子。休息过后你会精神焕发，想象力也更为丰富，随后再慢慢思考，努力打动观众，让他们记住你的演讲。

　　那好，现在应该开始画草图了。跃于纸上的草图能激发出更多的点子。画图的过程大可随意、快捷、一蹴而就。在这期间，草图是验证想法的一个途径，那些过于复杂和耗时过多的想法，就可以考虑把它们去掉了。不要担心删掉东西——这就是为什么你在一开始要尽量地多想点子的原因。实际上，最终你只会留用一个点子（有人认为这是对创意创作的糟蹋，但这是好事）。有些想法需要由多张幻灯片才能表达，一张幻灯片可能无法涵盖全部内容。另外，你需要使用一些图片、图表或者短片等向观众传递你的想法。通过尝试，选择最有效的而不是操作起来最方便的那个方式。

　　这时，你就需要设计师的帮忙了。向专业人士寻求帮助并不可耻，重要的是你和观众之间的交流能否取得满意的效果。至于你有没有数码制作方面的技能，那是另一回事。

杜瓦特公司设计负责人海莉·里克在构思创意阶段把概要大纲写在白板上。

数字故事板

在任何项目的创意构思阶段，我们的目标都是尽可能地想出更多的创意。将想法从大脑转移到现实，最快的方法就是动动自己的双手，在白板上或者笔记本上把它们描绘出来。

随着技术的日新月异，专业设计师的平板电脑和触控笔已经成为他们新的纸和笔。凭借这些工具，专业设计师现在可以在平板电脑上捕捉他们的想法，勾勒出数字化的故事板。因此，现在专业设计师能够很方便地为草图添加色彩、动态和深度，还可以轻松复制和调整图片。数字故事板为设计师节省了宝贵的时间和昂贵的迭代成本，让他们有更多精力投入到实际制作中去。

设计师有时需要勾勒出复杂的三维概念。如果使用传统的纸笔来画出这些概念，那将会一件非常耗时的工作。而三维软件可以让设计师快速创建具备动态和深度的三维概念图，帮助客户在实际制作之前，清楚地理解和审核创意概念。

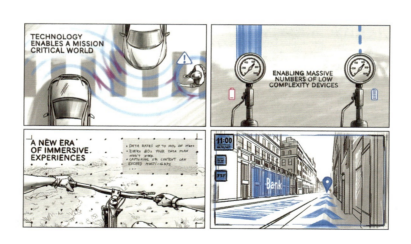

用纸和笔来画草图，通常是在一张纯白的纸上勾勒。如果你用软件来制作数字故事板，就可以用丰富的色彩，将客户的想法淋漓尽致地展现出来。这些丰富的视觉效果，可以帮助客户在制作开始之前就能想象出他们的幻灯片最终是如何呈现的。

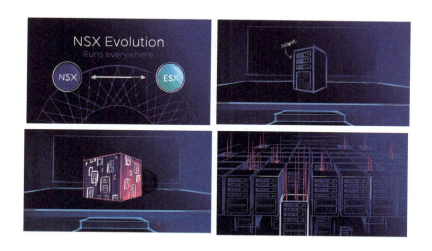

　　如果你脑子里的画面是地球和紧握的双手的话，那么请赶快放下笔，考虑休个假或者做次芳香理疗，放松一下自己。

　　　　　　　　　　　　　　　　　　　　　——南西·杜尔特（Nancy Duarte）

克制地构思你的故事

　　我对《星球大战》系列电影的喜爱可谓到了如痴如醉的地步。在过去的几年里，我越来越了解乔治·卢卡斯在影片背后付出的创意和努力，我逐渐意识到，我们普通人可以从他这样的故事能手身上学到许多演讲方面的知识和技能。演讲，不就是讲述故事的绝好机会吗？

　　我搜集了近年来对卢卡斯的一些采访报道，特别是他谈及《星球大战》的幕后制作方面的采访。他在采访中经常谈到，他们会疯狂地剪辑故事情节，以将影片控制在两个小时左右的长度。为此，他们要仔细校对每一幕，确保它们紧扣故事的主题。如果发现某一处是多余的，不管这一处多有趣，多么酷，制作人员都要进行适当的剪辑。之所以要控制在两个小时左右，就是为了更好地吸引观众。

我们都有类似的经历，看到电影的某些场景后很费解，想知道这和故事的情节有关吗？或许是因为导演认为那里运用了令人眩目的特效而没舍得将它删除掉，但这个理由根本站不住脚。聆听演讲时，我们也会碰到不少演讲者讲述一些与主旨毫无关系的内容，如列举无关紧要的数据、事实、图表等。演讲中之所以会出现多余的部分，也许是因为演讲者对自己的作品感到十分自豪，想借机炫耀一番。但他们没有意识到，这些多余的部分对演讲的主旨根本起不到任何烘托和支撑作用。

故事始终以观众为重，我们在构思故事时要尽量做到精简有力。在构思好之后还要对故事的信息进行适当的取舍。有用则留之，无用则删之，这个时候你不能手下留情——如果你对某一部分的去留感到纠结，那你可以直接把这部分删掉。最困难的是你可能要重新构思故事，甚至完全放弃已有的故事从头再来，但我们必须有这种魄力。

许多人不善于删除或修改他们的演讲内容，原因是他们害怕或心有顾虑。他们自认为演讲中多包含一些信息不会有大碍，认为那是一种明哲保身之举，奉行"多总比少好"的主导思想。但这往往会导致时间上的浪费和过多信息的堆积。使演讲覆盖方方面面几乎是不可能的。这种想法实在没有太大的意义。不过是个演讲而已，而且无论你在演讲中提及多少内容，最后还是会有人说，"嘿，你为什么不说……"观众中总会有些苛刻的人，不要一味迎合他们，那样只会干扰你做出正确的选择。

设计一个紧凑的演讲并不容易，在这当中你不仅要列举简单而具体的事例说明问题，还要努力打动观众。但一切努力都是值得的。每一个成功的演讲都有故事元素的存在。你的任务就是找出这些元素，然后把它们组织起来，最后做一场令观众难忘的演讲。

你不需要不必要的东西。

——黑泽明

传奇电影制片人黑泽明在《蛤蟆的油》一书中说到，对待故事的编辑必须毫不留情。

本章要点

◎ 确保演讲内容的简约，讲述引人入胜的故事，设置意想不到的环节，唤起现场观众的情感，这些方法都能让你的演讲更具吸引力。

◎ 一场成功的演讲从来不会只关注事实。

◎ 关上电脑，进行一场头脑风暴，并将最重要的内容分门别类，找出核心的主题，并将其贯穿在整个演讲创作过程中。

◎ 把你的想法写在纸上，然后使用软件设计出清晰的结构。

◎ 始终保持克制，演讲的一切都要回归到核心信息上。

设计篇

细枝末节会将你的生命消磨殆尽,一切从简吧!

——亨利·大卫·梭罗(Henry David Thoreau)

第 5 章

为什么简约很重要

　　我们的日常生活变得越来越繁杂，但越来越多的人追求简约生活。然而，在职场或学校中寻找简单，似乎愈加困难。在职场里，人们担心被贴上"不负责任"的标签而害怕从简。因此，每当职场人对工作感到犹豫不决时，"多多益善"往往成为他们的工作原则。

　　人们对于当今"简约"的意义存在根本性的误解。许多人将简约与简陋、极简主义等混为一谈，认为简约就是过度简化事物和规避复杂，其中甚至隐含欺骗或误导的意味。比如，政客往往会因为过度简化问题而遭人非议。但我所谓的"简约"并不是以偷懒或规避复杂问题为出发点，而是一种直达事物本质的智慧，通过"从简"使事物变得简明扼要、清晰明了。可是，实际中要真正做到"从简"又谈何容易。

　　简约以及诸如克制、自然等基本准则是禅宗所推崇的生活和处事原则。要想真正掌握日本的茶道、俳句、插花和墨绘等技艺，个人往往需要付出数年甚至毕生的努力。这些技艺对常人来说很难，但在大师们手下却显得简单而优美。因此，我们很难给出"简约"的确切含义。但是，当我说到幻灯片设计应该从简时，并不是鼓励大家偷工减料、规避复杂，也不建议采用一些毫无意义的话语以及浅陋的内容。我所说的简约指的是清晰和直接，而且注重事物的本质。比如，交互设计师等专业人士经常把问题化繁为简，从而找出"简单"的对策。对于他们来说，那个对策可能并不是最简单的，但是对于产品使用者或用户来说却是最简单的。

　　人们带着简约的理念，往往能够设计出优秀的幻灯片。但当涉及演讲的具体细节问题时，还需根据不同的内容和场合做出相应的变化和调整。就拿关于量子力学的幻灯片来说，它们做得再优秀，对于不同的观众而言，其难度和复杂程度也不尽相同。简约的目的常常是使内容变得更加清晰明了。简约也可以被看作从简的结果，即从满足观众的需求出发，谨慎地构思故事并制作辅佐的幻灯片，最后使演讲清晰明了、含义深刻。

　　简约是设计幻灯片时需要遵循的一个重要原则，但这并非意味着一劳永逸地解决了所有幻灯片演示的问题。有人可能将幻灯片设计得过于复杂，但也有人会把幻灯片设计得过于简单。简约是我们所追求的一个目标，但是，爱因斯坦曾说过："凡事需要尽可能地简化，但不要简单过了头。"

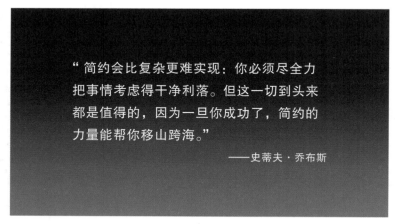

一张极具"史蒂夫·乔布斯风格"的幻灯片，虽然应该幻灯片里尽量避免过长的文本，但有时候用大号字体设置来引用语录也是可行的。

乔布斯与禅宗美学

史蒂夫·乔布斯是商业领域最杰出的演讲者之一。当他站在台上讲话时，语言表达清晰，内容紧扣主题。他担任苹果公司 CEO 时的一系列演讲获得了强烈反响，掀起一股演讲交际的潮流。一部分原因在于，不论对媒体还是苹果用户而言，乔布斯的演讲都容易理解，而且令人印象深刻。如果某个词的含义不易理解，就不能把它放在演讲中，而乔布斯的公开演讲，无论在语言表达还是视觉展示方面，都能做到清晰明了，便于理解。

乔布斯曾经学过禅道，而且深受日本美学的影响。他对自己的传记作家华尔特·艾萨克森（Walter Isaacson）说："日本美学体现最突出的地方就是京都的花园。我被这种日本文化深深打动，其设计理念就来自禅宗。"乔布斯的演示风格和方法都吸纳了禅宗美学中简约与清晰的精髓，这在其他公司 CEO 和领导层中是很罕见的。

乔布斯在演讲中使用的许多幻灯片都体现出清晰的特点，这也是禅宗美学的体现。在乔布斯的幻灯片中，你还能看到他对克制、简约、留白等原则的运用，以及严格地避免拖沓和冗余。

当今最杰出的商人之一、慈善家比尔·盖茨，他的幻灯片风格与乔布斯的形成了鲜明对比。虽然现在比尔·盖茨在 TED 和盖茨基金会上的演讲风格都获得了大家的认可，但他过去常用的演示风格却是典型的反面教材。

在过去，他和其公司员工在进行幻灯片演讲时，使用 PPT 的方式和其他成千上万的人一样，无法获得应有的效果或达到演讲本来的目的。他们犯的毛病很普遍：在一张幻灯片上放了太多的东西；使用了过多的列表（包括长句）、配色以及难看的图片；视觉信息不够突出等，因此给人留下不佳的印象。

史蒂夫·乔布斯和比尔·盖茨都会使用幻灯片辅助演讲。两者最大的区别是，前者使用的幻灯片会占据演讲的较大部分，但这些幻灯片并没有把乔布斯压得喘不过气来，反而是他演讲中必不可少的部分。对乔布斯来说，幻灯片的作用已经超出了简单的提示或者修饰作用，更重要的是，幻灯片能够帮助他更好地讲述故事和完成演讲。同时，乔布斯在演讲时十分注重与观众进行自然而坦率的互动，这也是他很少面朝荧屏、背对观众讲话的原因。其实，乔布斯的演讲和拍电影有着许多相似之处，比如荧屏都是被用来协助他们讲述故事的。只不过电影使用演员、画面以及特效去传达思想，而乔布斯则用幻灯片和话语去自然地阐述故事，两者的搭配往往天衣无缝。

相比乔布斯，比尔·盖茨过去的幻灯片就缺乏简约之美，导致演讲无法取得应有的效果。盖茨使用的有些幻灯片根本就是多余的，多数情况下只是作为装饰和点缀罢了。在许多情况下，他其实只要搬个凳子坐下来，和观众一起分享自己的想法，并回答他们提出的问题就行了，那样的效果可能会更好。并不是所有的演讲都要使用幻灯片，不过一旦采用，它们就应该成为演讲内容的一部分，而不是无关的装饰或点缀。

我很钦佩比尔·盖茨，因为他对教育的投入，因为微软的成就，但是说到公开演讲且要用到幻灯片的时候，他还有许多地方要向乔布斯学习，学习后者如何做出与众不同的演讲。其实比尔·盖茨的演讲不能说差，可以用"中庸"和"传统"来形容，但比尔·盖茨本身是个与众不同的人，他的演讲自然也应超凡脱俗。令人高兴的是，盖茨似乎已经开始改变演讲的方式，而且效果比以前好多了。

如果你打算在一大群人面前大谈公司战略或软件设计等重要话题的话，你所配合使用的幻灯片至少也应是深思熟虑后的产物，而不应仅仅将其作为装饰或点缀。

道法自然

禅宗本身与幻灯片设计并无直接关联。但是，了解一些禅宗美学（审美观）将对幻灯片设计起到积极的作用，通过借鉴并采纳相关原则，会使画面内容简明扼要、效果出众。

简约

禅宗美学所提倡的一个重要原则就是简约，崇尚简约即美。日本兼具艺术家、设计师以及建筑师身份的川名幸一（Kawana）博士曾说："简约就是运用最少的手段获得最大的效果。"你设计的幻灯片是否也做到了这一点呢？如果把乔布斯和盖茨的幻灯片做一下比较的话，你能够发现它们在"简约"方面有什么不同吗？

自然

川名幸一博士说，美学中的自然原则能够"遏制浮华与藻饰"。约束有着积极的作用，就如杰出的爵士乐手从不会表演过头，而是会顾及其他的乐手，找出属于自己的那部分音乐空间与他们一同表演。图形设计师会在约束条件下剔除与设计无关的内容，只留取必要的信息传达给特定的人群。约束自己很难，把事物复杂化却很容易，后者也更普遍。这其中就蕴含着禅宗美学。川名幸一博士在谈到日本庭院时说："设计师必须遵循'见隐'的原则，因为日本人相信，若将事物的一切都表现出来，观众反而会失去兴趣。"

优雅

优雅这个原则可以应用于生活中的许多方面。在视觉传达和图形设计方面，该原则强调简单清晰以及只可意会、不可言传。在《侘寂》（Wabi-Sabi Style）一书中，作者詹姆斯·克劳力（James Crowley）和珊朵拉·克劳力（Sandra Crowley）这样评价日本的美学观："日本人把浮华的藻饰以及鲜艳的色彩归为低俗，认为赘述无须思考，且毫无创意可言。超越浓墨重彩与繁复的装饰、返璞归真、简约得体，才是美的最高境界，正所谓简约就是美。有节制地、优雅地用色，画面会更清爽，更美。"

在幻灯片中，无须把所有的细节都展现在观众面前。你要做的是结合演讲和幻灯片画面，激发观众的想象力，获得他们情感上的认同，使他们真正领略你的想法，而不是简单地将每个图片和文字之类的细节印入观众的脑中。

禅宗美学推崇的原则包括（但不限于此）：

- 简约朴素
- 微妙精巧
- 高贵优雅

- 含蓄暗示（而不是直来直去的字面描述）
- 自然得体（不矫揉造作）
- 适当留白（或负空间）
- 平和宁静
- 剔除糟粕

上述原则适用于各种幻灯片设计、网页设计以及其他相关设计。

大道至简

我在日本青森县的下北半岛学习茶道时开始了解在日本十分流行的"侘寂"理念。下北半岛是日本北部的一个村子，在那里能感受到日本传统价值观念。随着对茶道学习的深入，我逐渐领略到了该仪式的简约之美，那正是禅宗所推崇的：纯洁宁静，崇尚自然与人的和谐生活。

侘寂（Wabi-Sabi）一词出自日本，源自日本人对大自然敏锐而深刻的观察。从字面看，"侘（Wabi）"有穷困或财富匮乏的意思，但却蕴含着不沉湎于世俗财物、社会地位的深刻意义。"寂（Sabi）"则是孤独和寂寞的意思，当你独自一人徒步在荒漠时就会产生"寂"的感受，它能令你陷入沉思之中。"侘寂"在赋予人们对艺术品或景观优雅之美的鉴赏能力的同时，不忘向世人传达那些终究会转瞬即逝的深刻哲理。

西方人对"侘寂"的了解可能源自"侘寂"式设计。这是一种室内设计风格，推崇质朴与和谐之美，平和与原生之道，它看似平淡甚至有些简陋的风格却无半点矫揉造作的意味。

侘寂的理念尤其适用于建筑学、装潢设计以及美术等领域，但它也可以被运用于数字化讲故事的艺术（比如有视听设备支持的幻灯片演讲）。侘寂体现的正是"简约就是美""少即多"的思想，这些正是当今社会谈论最多、但也是最容易被忽略的问题。带着侘寂的理念设计出来的幻灯片绝不是偶然随意的结果，它们不会显得杂乱无章。它们美观大方，但绝不花哨繁复。它们往往充满平和之美，无论对称还是不对称，都依然那么协调。褪去浮华和喧嚣的幻灯片会显得更加清晰和明了。

日本的庭院其实也有侘寂理念的体现。宽阔的地方毫无多余的装饰，一眼望去，只有错落有致、精挑细选的石块和一旁被耙平了的碎石，简单而美丽。日本的庭院可能不同于西方人的后院，后者往往充斥太多的景色，以至让人目不暇接，但很快便被人忘却。如今的许多演讲又何尝不是这样呢？作为观众，我们经常会在一段较短的时间里经受图画的视觉冲击，加上演讲者滔滔不绝的讲述，最后竟然发现自己并没记住多少内容，也并未理解多少，这样的演讲怎能令我们印象深刻？难道一个优秀的演讲是以数据多少或故事长短，而不是其质量或意义来博取观众的喜爱和认同的吗？

在日本生活的这些年里，我真切地感受了许多禅宗美学在现实生活的具体体现。我在参观庭院、赶往京都坐禅，甚至和日本朋友一同进餐时，无不感到禅宗美学的存在。我相信，这种美学也能够应用到职场和工作之中，帮助我们设计出更具启迪意义的佳作。当然，我并不建议以创作艺术的眼光去评判幻灯片的好坏，但是"侘寂之简"的理念确实有着重要的实际运用价值，而幻灯片的设计就是其中之一。

日本京都银阁寺的观音堂，提醒人们仅仅保留必要的部分。

"鱼的故事"

有一次我给硅谷的一家科技公司做演讲，会后收到了一封署名是迪帕克的来信，他是一名工程师。在信中，他提到了一则小故事，我觉得刚好能够反映"切题至极"的美学原则。下文就是信的内容。

当您谈到"切题至极"的原则时，我突然想到了孩提时代在印度听过的一则故事，内容大致如下。

维杰开了一间鱼铺，他在门口竖了一块招牌，上面写着"我们这儿卖鲜鱼"几个字。他父亲见后提议，"我们"二字可以去掉，因为站在顾客的角度，卖方是显而易见的。于是招牌变为"这儿卖鲜鱼"。

维杰的哥哥见状，提议把"这儿"二字也去掉，他觉得那根本就是多余的。维杰同意了，于是招牌又变为"卖鲜鱼"。

后来他姐姐也来了，建议再把"卖"字去掉，只剩下"鲜鱼"二字。鱼铺"卖"鱼是再明白不过的了。

再后来，他的邻居赶来恭贺开张。可他发现所有的路人都能分辨出鱼铺的鱼十分新鲜。在招牌上写着"鲜鱼"反而给人作假的嫌疑。既然鱼确实很新鲜，那干脆只写"鱼"就行了。

维杰在一次返回鱼铺的途中注意到，在离店很远的地方虽看不清招牌，却已经能够闻到鲜鱼的味道了。他觉得招牌上的"鱼"也是多余的！

艺术家可以通过用简单的手法来阐释事物的本质，来让自己的创作含义更加丰富。

——斯科特·麦克劳德（Scott McCloud）

简约就是力量

    禅宗美学告诉我们，通过简化能够展示事物之美，诠释有力信息。禅宗可能并无"简约就是力量"这一表述，但这种思想其实存在于各种禅宗艺术之中。日本绘画中有一种被称为"留白"的手法，诞生于八百多年前，源自"侘寂"的理念。运用该手法绘出的画通常画面简单，而且留有多处的空白。比如画面上是一片碧海蓝天，海面上仅漂着一条旧渔船，若隐若现。正是这条不起眼的小渔船凸显了大海的宽广和无垠。人们在欣赏此画时，内心就像海面般平静，面对画面中小渔船上的渔夫，我们仿佛可以看到他孤独沉寂的面容。整幅画的内容谈不上丰富，但却能使你为之动容。

从漫画艺术中学习

    我们可以从一些意想不到的地方学习到幻灯片简化的相关知识，你可能想象不到漫画也可以。斯科特·麦克劳德（Scott McCloud）创作的《理解漫画》（*Understanding Comics:The Invisible Art*）一书是我们学习和认识漫画的最佳途径。他在书中多次讲到"简约就是力量"的理念。

    大部分漫画的主要特点之一，就是画风简约。但正如麦克劳德提醒我们的那样，在日本漫画的奇妙世界里，简约的风格并不意味着简单的故事。很多人（至少在日本之外）看到漫画的简单线条和形状，就认定漫画必然是简单和肤浅的，只适合儿童观看，绝对不可能具备深度和智慧。他们认为，漫画的简单风格没办法描绘复杂的故事和背后的深刻含义。然而，如果你去日本最著名的东京大学周边的咖啡店看一眼，会看到书架上堆满了漫画。在日本，漫画并不是儿童独享的，实际上，漫画迷不仅遍布日本，在全世界范围内，不同年龄、不同职业的漫画迷比比皆是。

    如今的问题是，这种以简约的手法直接表露事物本质，从而使幻灯片变得更有力的想法并未广为人知。在许多人眼里，少就意味着不够好。如果一位"开窍的"年轻员工带着"直接表露事物本质"的思想设计幻灯片，她的老板看后一定会说："不够好，太简单了。你都没写什么内容嘛！要点在哪？公司的标识呢？你太浪费地方啦，这几处都可以再加点数据的嘛！"那位员工听后颇感挫折。于是她尝试向老板解释，演讲的关键不是幻灯片本身而是她的现场表现，要点也会逐个阐明，她准备的这些幻灯片在文字、图片和数据之间达到了微妙的平衡，能够起到强有力的辅助作用，进而帮助她提升演讲的效果。另外她还告诉老板，她已经为客户备好了详细而充实的文稿，并强调幻灯片和文稿是两码事。但老板听后，根本置之不理，直到她把幻灯片修改成"传统意义上"的形式，才满意地点头，并认为这才是"严谨"之人该做的事。

我们做事除了要严谨，还要尽可能学会接受"简约就是力量"的思想。我并不是让你变成一位艺术家或者自己开始绘画，而是希望你能够通过探索所谓浅显的漫画找出对幻灯片设计有用的东西，比如如何将画面与文本结合起来等。实际上，麦克劳德在写《理解漫画》一书时怎么也不会想到漫画会和幻灯片设计扯上关系。但是，与其他教你如何使用 PowerPoint 的教材相比，我们在他的书中，却能学到更多的有关在概念时代如何进行有效交流方面的知识。比如，他在书的前半部分给漫画作了如下所述的定义，并在全书中证明了此观点："漫画是一种按照特定排列顺序放置的图像，旨在向读者传递信息，使其沉醉其中。"

不妨设想一下，对上述定义稍加修改，作为演讲或数字（多媒体）叙事的定义又何尝不可？虽然我们无法很好地定义"幻灯片现场演讲"，但一个优秀的演讲难道没有包含"图画（形）"元素、难道不是"旨在向读者传递信息，使其沉醉其中"吗？

麦克劳德在书的末尾还提到了许多简单却充满智慧的想法。不论我们在哪方面具有创意才能，他的建议都将使我们终身受用。他说："我们所需要的是与人交流的渴望、学习的意愿，以及看清事物本质的能力。"

任何事情都需要与人交流的渴望、学习的意愿，以及看清事物本质的能力。我们很多人都有与人沟通的渴望，但真正难的是去学习和洞察能力的培养。麦克劳德说，要理解漫画，我们需要先把头脑中对漫画所有的固有印象清空。只有把一切归零，我们才能看到漫画所能提供的全部可能性，这其实同样适用于幻灯片的设计。只有以完全开放的心态去看待演讲和幻灯片的设计，我们才能看到摆在面前的所有选择。这其实完全取决于我们如何看待它们而已。

想了解更多，可以在 ted.com 上观看斯科特·麦克劳德的 TED 演讲——"漫画的视觉魔力"。

受"一角风格"启发

马远（1140 年—1225 年）是中国宋朝的一位画家，他的风格影响了日本的几位伟大艺术家，如天章周文（Tensho Shubun，1403 年—1450 年）和雪舟等杨（Sesshu Toyo，1420 年—1506 年）。马远常把元素放在画面的一边或一个角落，《山径春行图》（原画可以在中国台北"故宫博物院"看到）就是这一风格的作品。在这幅画里，马远将主体放置在左下角，虽然这会让画面大面积留白，但是却让画面富有引导性，在激发观众想象的同时，画面元素会引导视线向右上角的文字看去，而那里正是宋宁宗皇帝的一首诗。

我们关注的重点，并不是希望你用简单的设计去实现马远这幅作品那样的宏达画面，而是我们可以一边欣赏、一边学习他们是如何利用留白和不对称，来吸引和引导观众的视线，让作品易于理解的同时变得极具吸引力的。下面展示了 4 张幻灯片，其中使用的照片素材都是我自己拍摄的。虽然这些照片没有严格遵循一角风格，但是你会发现，每张幻灯片的角落，都有小的素材。

触袖野花多自舞
避人出鸟不成啼

山径春行图
马远

这个幻灯片是关于创造力演讲中的一页。这张
照片是在俄勒冈州的炮台海滩拍的，可以看到
照片里有一个人在美丽的海滩边跑步。针对这
个照片的构图，我把幻灯片主题文案缩小，放
在偏右上角的天空位置，这样就能给文字留出
舒适的空间。

八月的俄勒冈州的炮台海滩大部分时候都是"海滩天气"，温度适中。照片中的沙滩部分有足够的空间让我放置文案，而底部角落里有一个小而醒目的素材，引导大家往文字看去。

这是另外一张在俄勒冈州炮台海滩拍的照片。海面占据了画面下方的三分之一，石头占据了右边的三分之一，同样为文案留出了足够的空间。你可能不会注意到，幻灯片左边还有一名冲浪者，但很明显他的存在感被石头和波浪抢去了。

这张幻灯片中的图片是我在等待去冲绳石垣岛的航班时拍的。我在介绍日本待客之道的演讲中使用了这张幻灯片。使用这张图片是希望通过展示飞机起飞时地勤人员排队向乘客挥手道别的场景，来展示日本以诚待人的品质。

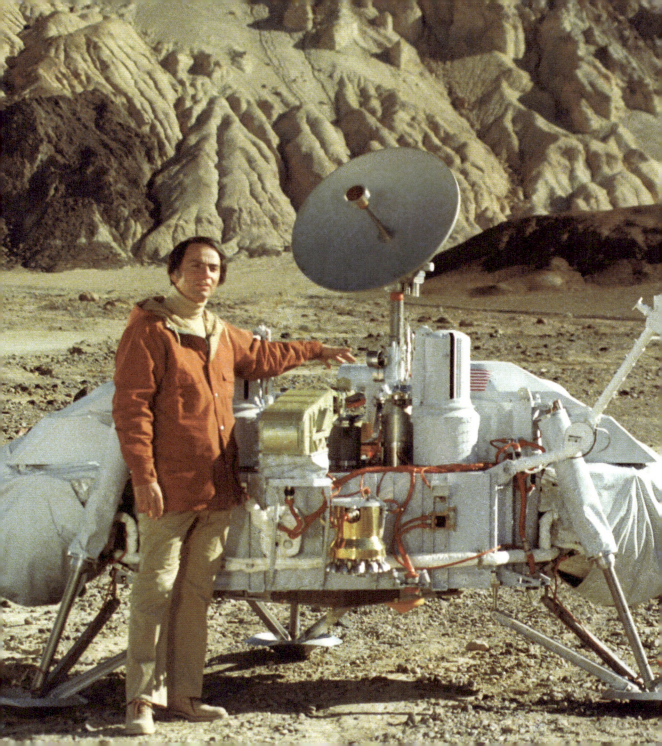

数据可视化

卡尔·萨根（1934 年—1996 年）是一位杰出的天文学家，同时也是一位伟大的演讲者。在 20 世纪 80 年代，我是卡尔·萨根的超级粉丝，并从他的知名电视系列节目《宇宙》（*Cosmos*）中学到了很多。萨根总是用容易理解的方式来讲述复杂的问题，让你对科学充满了兴趣。他是一名科学家，在讲述过程中，他并没有将问题简化，而是用一种有趣而独特的方式来将问题拆解，以观众能够理解的方式来阐明他的观点。作为科学领域的演讲者，他十分清楚清晰明了和易于理解的重要性。当卡尔·萨根要讲述数据相关的问题时，他通常会用插图或者前后对比来将数据可视化。比如，在《宇宙》的第 13集 "谁为地球发声？"（Who Speaks for Earth?）中，萨根会用具有画面感的话术，让你在脑海中就能想象出整个画面，这种话术有时比生动的图像或动画更有效。在节目中，萨根先问了一个问题："20 吨 TNT 的能量有多少？"然后他回答道："足以让一颗炸弹摧毁整个街区"。接着他说："在第二次世界大战中使用的炸弹总量，相当于 200 万吨 TNT，或相当于十万颗巨型炸弹。"由此我们可以想象出，在"二战"的六年期间发生了多少可怕且致命的爆炸。200 万吨 TNT 不再是一个抽象的概念，我们可以凭借自己的想象，来感受到它那可怕的毁灭性。最后，萨根自己丢下了一颗"炸弹"："200 万吨 TNT 放在今天，相当于一颗热核炸弹，一颗具有第二次世界大战破坏力的炸弹。"正是这种有画面感的话术，让我们能感受到那恐怖的场景。

身处森林的时候，我们很难看清楚整个森林的全貌，只能看清眼前的树。好的演讲者会启发观众从另一个角度来审视问题，看清哪些是必需的，哪些不是。在《宇宙》的最后一集中，萨根问道："我们该如何向一个冷静的外星观察者解释所有这些？我们会如何叙述我们对地球的管理？"通过让观众从外星观察者（即冷静的外部观察者）的角度看问题，这个问题就从诸如国家、政党、宗教等抽象概念中解脱出来了。萨根说："从外星观察者的视角看，地球文明显然处于毁灭的边缘，人类最重要的任务是保护地球的生命，使地球未来的适宜居住性。"萨根解释说，有一种新的意识正在显现，它将地球视为一个整体的有机体，而这个有机体的内部战争注定会使自身走向毁灭。萨根问道，谁来为地球发声？答案当然是我们自己。在《宇宙》的最后一集中，萨根得出了结论："我们忠诚于宇宙和地球，我们为地球发声。我们之所以能生存和繁衍并不是因我们自己，而是源自亘古而广袤的宇宙。"

再论简约而不简单

"我还剩下多少时间？"我们在考虑时间问题时常常会从这个角度出发。时间对我们来说是一种限制，但是如果在规划演讲的时候，我们从观众的角度来看待节省时间的问题，而不是出于我们自己个人想要更快完成任务的想法，会怎么样呢？如果这不仅仅是关于我们的时间，而是关于他们的时间呢？如果我在观众席上遇到一位优秀的演讲者，他做了充分的准备，呈现了一场引人入胜的演讲，丝毫不让人感到厌烦，那我会很高兴参加了这次活动，并且对演讲者心怀感激。而那种开始没多久，就让我意识到我即将浪费一个小时的演讲，是我最不喜欢的，我相信你也有同样的想法。

我在书里推荐的方法，可能会让你花费更多的时间来为演讲做准备，但却能帮助你为你的观众节省下大量的时间。还是那句话，我们总是要为自己节省时间吗？为别人节省时间难道不重要吗？当然，我能为自己节省时间的时候，我会感到很开心。但如果我能为我的观众节省时间，同时和他们分享一些重要的东西，我也会认为一切付出都是值得的。

如果我贪图快捷，我可以在准备阶段为自己节省时间，但这样可能会在演讲的时候浪费别人更多的时间。比如，如果我给 200 个观众做一个时长 1 小时、毫无价值且无聊至极的幻灯片演讲，那其实相当于浪费了 200 小时。但如果我在准备的时候投入时间和精力，花 20 ～ 25 小时甚至更多的时间来规划和设计演讲内容和幻灯片，那么我可以给他们带来总共 200 小时的难忘体验。

软件公司在宣传软件的时候，总是会提到它们的功能能为用户节省多少时间，这可能会让我们相信，我们在准备演讲的时候能节省很多时间，为我们的工作减负。但是如果因为我们没有做好准备，没有设计好视觉效果，或者表现得不好，而浪费了观众的时间，那么我们在准备幻灯片上节省了一两个小时又有什么意义呢？在更短的时间内做完任务，的确有时让人感觉事情很简单，但是如果最后浪费了自己和别人的时间和机会，那这种简单就没有任何意义了。

本章要点

◎ 简约就是力量，它能让我们更清晰地看到事物的本质，但想真正做到简约，却不是一件容易的事。

◎ 不是使设计演讲和幻灯片更简化，而是让观众更容易理解。

◎ 深思熟虑后将非必要部分删去，你就可以让你的演讲和幻灯片变得简约。

◎ 设计幻灯片时，除了简约，还要呈现精妙含蓄和雅致平衡。

◎ 好的设计有大量的留白。要"做减法"而不是"做加法"。

◎ 尽管简约是目标，但不能过于简化，关键是要呈现适宜的平衡。

第 6 章

演示设计的原则与技巧

当我还在住友电气工业公司工作的时候，我发现日本的商务人士在讨论即将到来的工作或策略时，经常使用"具体情况具体分析"这个词。这让我感到非常困惑，因为我习惯于有具体计划、绝对指令和快速决策的美国模式。然而，我逐渐发现，对我的日本同事来说，每种情况和该情况的特定细节都非常重要。

而现在的我在讨论如何为某一场演讲选用技巧和设计时，我可能会使用比如"根据情况来判断"或"根据时机和环境来决定"这样的方式去考虑。我过去认为"看情况"是一个软弱的说法，有点逃避责任的感觉。但现在我觉得这是明智的，因为如果没有对演讲的地点、环境、内容和上下文有深入的了解，我们很确定哪个合适、哪个不合适，更别说判断什么是好的或坏的设计了。对于设计，没有万金油式的判断方法，它既是艺术也是科学。

虽说如此，但还是有一些通用的指导原则，大多数优秀的幻灯片设计都遵循着这些原则。只要适当地了解一些基本的设计概念和原则，普通人也能创建出具有更好视觉效果的幻灯片。但如果要穷尽这些设计原则和技巧，那可能要写满好几本书。在本章中，我会控制自己，通过展示实际的例子和技巧，讲解几个常用的原则。那么现在，先让我们看一下设计的含义。

幻灯片的大小

在我们讨论设计幻灯片的原则和技巧之前，你需要对你的幻灯片大小有一些了解。当人们提到大小，他们实际上指的是幻灯片的形状或比例。大多数的演示软件能让你用两种比例来制作幻灯片，分别是 4∶3 和 16∶9。比例为 4∶3 的幻灯片通常被称为"标准"。在平面电视成为主流之前，旧款电视的比例就是 4∶3。今天，和我们的电视一样，幻灯片更常见的比例是 16∶9，通常被称为"宽屏"。在决定使用哪种比例之前，重要的是你要知道演讲场地所使用的屏幕的比例。如果你知道幻灯片将在电脑显示器上显示，那么你需要确保你的幻灯片是在宽屏模式下设计的，这种情况在学校和公司里越来越常见。如果你得知演讲屏幕的比例是 4∶3，那么这个时候你就要用相同的比例去设计幻灯片，但要记住，如果你之后在一个比例为 16∶9 的屏幕上使用这套幻灯片，屏幕两侧就会出现影响观感的空白部分。当然，这不会让演讲进行不下去，你的幻灯片仍然可以使用，但会显得不专业。另外，如果你在 4∶3 的屏幕上投影 16∶9 的幻灯片，底部和顶部会有空白部分，不过你可以在教室或会议室调整屏幕的投影方式，至少去掉底部或者顶部的空白部分，当然这是下下之策。

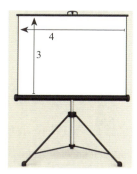

当人们说 4∶3 的比例时，指的就是这种形状的屏幕。这种比例常见的屏幕分辨率为 1024×768 和 800×600。

这种屏幕形状通常被称为"宽屏"或 16∶9，常见的屏幕分辨率为 1920×1080。

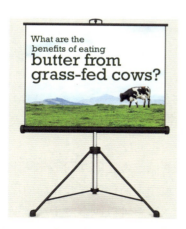

这里，4：3 比例的幻灯片填充了屏幕，屏幕具有相同的比例。

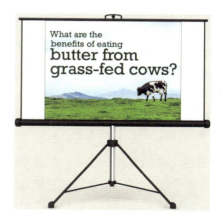

然而，如果你将比例为 4：3 幻灯片投影到宽屏上，由于宽屏的比例为 16：9，画面会无法填满屏幕，两侧会留下明显的空白。

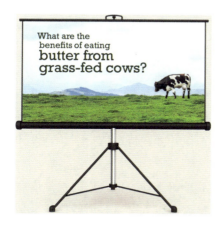

这个宽屏幻灯片投影在一个 16：9 比例的屏幕上，画面填满了整个屏幕。这样做有很多优点，比如你可以将任何宽屏视频片段（包括你用手机拍摄的）完美投影在屏幕上。

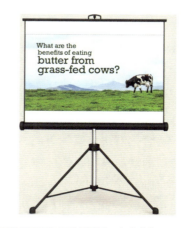

而同样的宽屏幻灯片投影到一个老式的 4：3 屏幕上，可以正常显示，但因为需要适应屏幕，幻灯片会变小，而且上下会留出空白部分，影响观感。

设计原则概述

人们常常误以为设计是最后要做的事情，就像制作蛋糕时最后加上糖霜和写"生日快乐"那样。但这并不是我所说的设计，对我来说，设计并不是事情的最后一步。相反，它应该从一开始就要考虑。设计能够让事物以一种更清晰的方式将信息组织起来，它让观众和用户理解或使用起来更简单。也可以这么理解，设计是一种说服他人的强有力的手段，切不能让设计变成装饰。

通过设计的方式改善人们的生活，效果是非常显著的，但它的存在感往往很低，甚至你可能察觉不到。在我们设计的过程中，我们需要关注人们如何解读我们的设计方案和信息。设计不全是艺术，尽管其中包含艺术元素。艺术家可以或多或少地遵循他们的想法随意创作，来展示它们想要表达的任何东西。但设计师在商业环境中工作，需要随时关注用户，并从用户的角度出发寻找最佳的解决（或预防）问题的方法。艺术的价值在于其本身，它可以是好的，也可以是坏的。好的艺术能够打动人心，可能会在某种程度上改变人们的生活。而设计的价值在于其对人们生活的影响，好的设计必须在某种程度上改善人们的生活，无论这种改变看起来有多微小。

虽然设计不仅仅取决于审美，但设计得好的事物，包括图形，通常都具备深厚的美学品质。通俗来讲，就是设计得好的产品，往往看起来就很美。在设计的世界里，同一个问题有不止一种解决方案。在面对问题时，你要做的是不停探索，最终找到在当前的情景下最适合的解决方案。为此，设计可以理解为：设计师在特定情景下，对设计元素进行有意识的增加或删除的过程。

在一场演讲里，图片、图表等视觉信息必须做到准确无误。但我们的视觉信息在情感层面上也会影响观众，他们会因此判断某件事情是否吸引人、是否值得信任、是否专业，等等。这是人类一种非常重要的本能反应。

接下来，我将带你了解一些与优秀幻灯片设计密切相关的设计原则。前两个分别是信噪比和图片优先效应，两者都是实际应用非常广泛的原则。第三个是留白空间，它可以帮助我们从不同的角度看待幻灯片，感受一下留白空间对于增强视觉信息的力量。最后的四个原则被归为一组，因为它们是基本的设计原则，对于新手来说特别重要。这四个基本原则分别是：对比、重复、对齐和就近。在著名设计师罗宾·威廉姆斯（Robin Williams）的畅销书《写给大家看的设计书》（*The Non-Designer's Design Book*）中将这四个基本原则归为一组，并应用到文档设计中。在此我会向你展示如何利用这些原则来优化幻灯片设计。首先，让我们看看信噪比是什么，以及它对幻灯片设计来说有什么意义。

一场优秀的演讲并不一定需要幻灯片，但在大多数情况下，视觉效果能加强信息的传递。学习一些平面设计和视觉信息传递的基础知识，可以帮助你在制作幻灯片时，交出让人满意的答卷。

信噪比

信噪比（SNR）原则源自无线电通信和电子通信等技术领域，但这个原则几乎适用于任何领域的设计和沟通。对我们来说，信噪比是指幻灯片或其他设计中，相关元素与无关元素的比例。你在制作幻灯片的过程中，应该让信噪比尽可能高。观众很难一下子应对大量的信息，尤其是全新的从未见过的信息。因此，追求更高的信噪比是为了让观众理解起来更加轻松。如果我们的幻灯片里有过多无关紧要的视觉信息，这对观众来说是一种"信息轰炸"，他们理解起来就更难了。

尽可能地提高信噪比，意味着在设计和传达信息的时候要更加清晰，避免信息受到不必要的干扰或混淆。假如你想干扰信息的传达，你有很多种方式，比如选择不恰当的图表，使用模糊的标签和图标，以及毫无根据地使用线条、形状、符号和标志来强调关键信息等。换句话说，如果删除某个设计元素，视觉信息丝毫不受到影响，那我强烈建议你将它缩小或移除。例如，网格或表格中的线条通常可以做得很细或很淡，甚至可以去掉。页脚、标志等一般情况下也可以删掉，这可以让信噪比更高（当然，前提是公司允许你这么做）。

在《视觉解释：图像与数量，证据与叙述》(*Visual Explanations: Image and Quantities, Evidence and Narrative*) 一书中，爱德华·塔夫特提到了一个与信噪比相吻合的重要原则，叫作"最小有效差异"。他说："在进行视觉设计时，我们应尽可能地做到巧妙地区分不同的元素，但同时要保持它们的清晰和有效。"换句话说，如果用更少的元素就可以完成一项设计，那就没必要加入过多的元素去突出或者强调信息，这只会对信息产生干扰。

在接下来几页中，你可以看到幻灯片改造前后的对比。你可以对比一下左侧的原始幻灯片和右侧提高信噪比后的幻灯片。在这些案例里，为了让设计更清晰，提高信噪比，我删掉了非必要元素，并缩小了非关键元素。可以特别留意一下的是，在第三个和第四个案例中，我将饼图换成了条形图，让数字差异变得更加明显。而在其他一些案例里，我将条形图改为折线图，让观众更容易看出变量随时间的变化趋势。总而言之，就是删掉非必要的元素，让视觉效果更清晰明了。

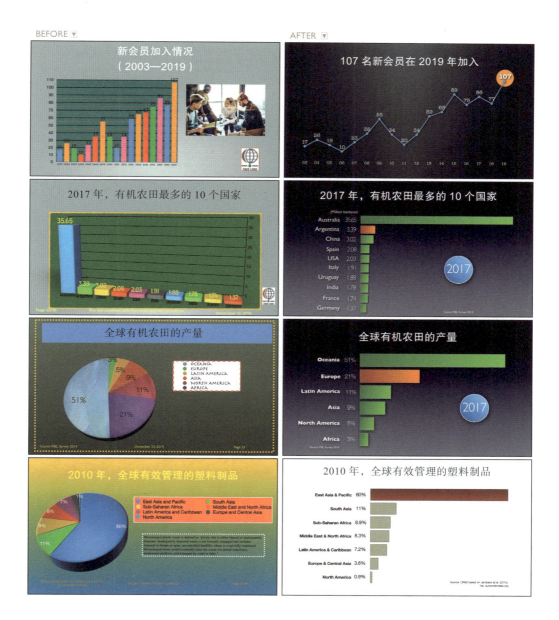

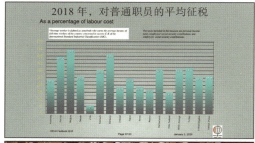

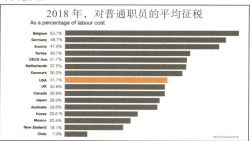

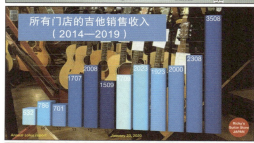

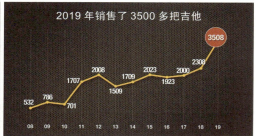

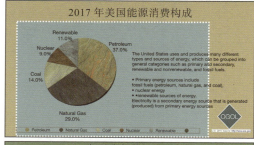

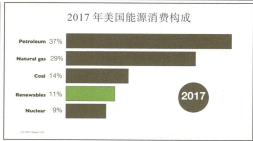

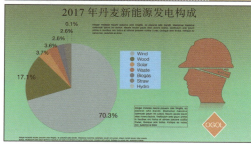

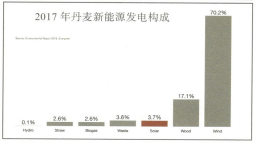

BEFORE ▼

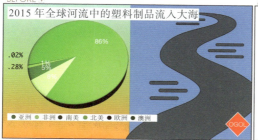

AFTER ▼

在带有 3D 饼图的原始幻灯片中，你会发现通过图例来找出哪种颜色对应哪个国家是非常麻烦的。所以我更喜欢使用条形图（右图），一看就能理解。其实你使用平面的饼图也是可以的，因为只有六个切片，但不需要加入图例，直接在饼图周围标注国家即可，这样就能保证图表清晰可读且便于理解。

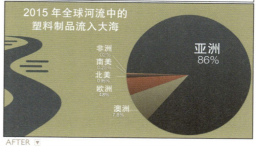

BEFORE ▼

AFTER ▼

我们通常将表格用在书面文档里，但如果表格足够大并且数据不是太多，它也可以成为一个有用的视觉元素。在原始幻灯片中，有许多不必要的装饰性元素，让表格看起来很杂乱且难以阅读。而在右边第一个优化后的版本里，通过去除线条、颜色和背景图片的方式，让数据更容易阅读。在第二个优化版本里，我们添加了子弹头列车的图片，在保证图表可读性的同时，也让幻灯片看起来更有趣。

非必要元素总是"噪声"吗?

一般来说,不必要的元素会降低设计的效果,并有增加意外的可能性。但这是否意味着我们必须删掉设计里所有的非必要元素呢?有些人认为,极简主义是效率最高的方法,但效率本身并不一定绝对是好的,极简主义也不一定是最理想的方法。

对于图表、表格、图形等展示数据的信息和元素,我强烈建议用那些不带装饰的、信噪比高的图片。如果我在幻灯片里使用了大量的图片,那么,当我展示图表或表格时,通常不会再在这张幻灯片里放置图片或者其他元素。其实,在背景图片上放条形图(只要保证条形图能清晰可见)是没有任何问题的,但我认为,具有高信噪比的数据本身就可以成为极具说服力的视觉元素。

然而,对其他视觉元素来说,你需要做的是保留那些可以在情感层面支持你观点的元素。这看起来可能与"少即是多"的理念相悖。但情感元素往往非常重要,所以,是否保留情感元素,关键在于能否保证幻灯片的清晰度。就像万事万物一样,平衡很重要,是否使用情感元素取决于你特定的情况、观众和目标。总而言之,信噪比是创建视觉信息时需要考虑的原则之一。

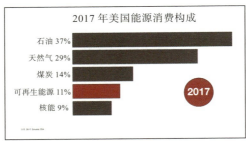

这个简单的条形图没有图片干扰,一看就能理解。"可再生能源"数据条和年份作为关键信息,这里做了突出强调处理。

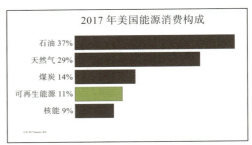

在同样的简单条形图旁添加一张图片,而这张图片在不影响图表的前提下,很好地强化了主题"拯救地球"的画面感。在强调"可再生能源"数据条时,我使用了与图片相似的浅绿色,让整体的视觉效果更加协调。

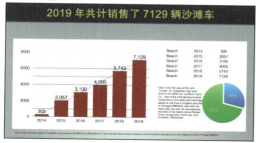

上面幻灯片里展示的数据样式到现在还很常见，但它相当复杂。我改造了一下，将信息分布在两张幻灯片，而且为了加入情感元素，我加入了具体的产品和正在享受产品的消费者图片，让幻灯片的主题呈现得更加直接。

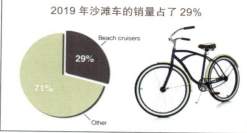

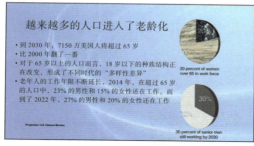

这种文字多的幻灯片（上图）也是十分常见的，但这些文字对观众的理解并没有太大帮助，饼图所显示的百分比数据更加难以看清。针对以上问题，我大幅删减了文案，并将重点分布在两张幻灯片上（右图），用主题相关的图片来加入情感元素，并强化主题的画面感，同时放大数字让其更突出。

2D 还是 3D？（这是个问题）

Keynote 和 PowerPoint 中的很多功能都相当实用，但是我却完全无视 3D 设计相关的功能。与许多人想象的不一样，用 2D 数据创建 3D 图表并不能起到简化数据呈现的效果，而且用 2D 数据创建 3D 图表并不会提高观众的好感度。当涉及图表和图形时，简约、干净、平面（对于 2D 数据）才是你应该追求的效果。在《创造力的禅宗》（*The Zen of Creativity*）一书中，作者约翰·达多·洛里（John Daido Loori）提到："禅宗审美反映了一种简单美学，这种审美能使我们的注意力被事物的本质所吸引，而无视多余的部分。"

对于一个事物来说，什么是必要的、什么是多余的，其实都取决于你，但减少 3D 图表所带来的额外干扰确实是个好的开始。用 3D 的形式来展示 2D 数据，会提高爱德华·塔夫特所说的 "墨水对数据的比例"（ratio of ink-to-data，即装饰元素占数据图表的比例）。虽然有选择总是好的，但 2D 图表和图形会是一个更好的解决方案。3D 图表看起来不太准确，理解起来可能比较困难。此外，3D 图表的观察角度通常使数据点在轴线上的位置难以看清。如果你确实想要在幻灯片中使用 3D 图表，那么你一定要避免以一种极端的角度来展示数据。

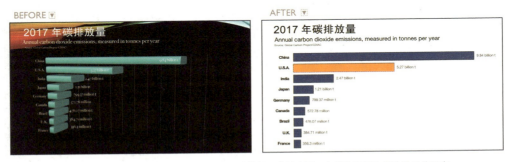

左侧的幻灯片是 3D 效果干扰了简单数据显示的例子，使数据更难以查看。右侧的幻灯片是改进后的版本。

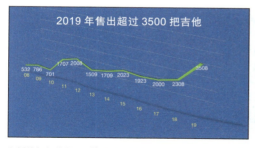
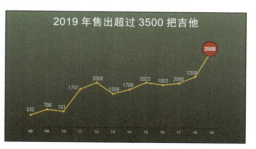

左侧的幻灯片是 3D 效果干扰了简单数据显示的例子，使数据更难以查看。右侧的幻灯片是改进后的版本。（续）

谁说 logo 应该出现在每张幻灯片上？

品牌是当今最被过度使用和误解的术语之一。许多人将品牌识别的无数元素与品牌或品牌化混淆。品牌和品牌化的含义远深于仅仅使你的 logo 尽可能易于识别。如果你是代表一个组织进行演示，尝试只在第一张和最后一张幻灯片上放置 logo。如果你想让人们学到东西并记住你，那么做一个好的、诚实的演示。logo 不会帮助你完成销售或使你的观点明确，但它会产生混乱，使演示的视觉效果看起来像商业广告。我们在对话时不会在每一个句子开始时重述我们的名字，那么你为什么要在每一张幻灯片上用你的公司 logo 轰炸人们呢？我刚开始在苹果公司工作时，我们用于客户演示的官方幻灯片仅在第一张和最后一张上醒目地显示苹果 logo，其他幻灯片上没有 logo。

幻灯片的显示空间有限，所以不要用 logo、商标、页脚等杂乱无章的东西。你能创建一个类似下面的幻灯片，使 logo 只显示在第一张和最后一张幻灯片上吗？

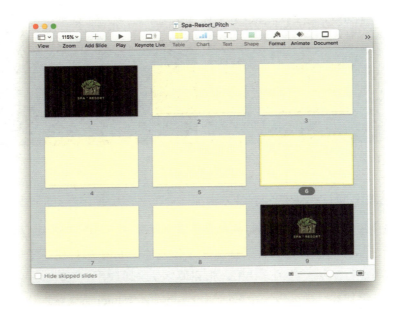

关于项目符号

　　使用充满项目符号列表的幻灯片进行演示的传统方法已经沿用了很长时间，以至于它已经成了公司文化的一部分。这就是所谓的"幻灯片就应该这么做"。在日本，初入职场的年轻员工接受的幻灯片制作培训，往往是这样的：当使用幻灯片软件制作幻灯片时，应该让每张幻灯片的文字量减到最少。这听起来像是一个好的建议，对吧？但是，"最少"的意思却通常是6～7行的缩写文本和数字，再加上几个完整的句子。如果只有一两个词，或者一点文字都没有，那么这就会被看作是员工没做足功课的表现。一系列充满文字、配有大量图片或表格的幻灯片，通常会让你看起来是一个"认真工作"的员工。至于观众是否能清楚地看到幻灯片中的细节（或者领导们是否能理解你的图表），那就不太重要了。如果它看起来复杂，那它一定是好的，但实际上并非如此。

我有一整个书架的英文和日文的幻灯片方面的书。所有的书都说"要用最少的文字"。大多数书将"最少"定义为用项目符号展示 5 ～ 8 行的关键点。演讲者通常被教导的是"1-7-7 原则"，这也证明了这种传统观念已经落后了，因为问题的关键在于：没有人能利用一页又一页充满项目符号的幻灯片呈现出一场好的演讲。项目符号在文档中适时使用，的确可以帮助读者快速查看内容或概括关键点，而且效果会很好。但在现场演讲中，项目符号带来的效果通常并不尽如人意。

每张幻灯片应有多少个项目符号？

　　一个好的通用指导原则是：只有在仔细考虑，确定项目符号呈现信息的效果比其他形式好之后，才可以适量使用项目符号。不要让幻灯片模板的默认项目符号列表决定你的选择。有时候，项目符号可能是最好的选择，例如，如果你要总结一个新产品的关键规格，或者回顾一个流程的步骤，一个清晰的项目符号或编号列表可能是合适的（当然，这要取决于你的内容、目标和听众）。但如果你一次又一次地使用含有项目符号列表的幻灯片，观众会很快感到疲倦，所以说到底，项目符号还是要谨慎使用。这里不是建议你在幻灯片演示中完全放弃使用项目符号，但它绝不能随意使用。

这是之前展示过的幻灯片，假设我们要回顾丹·平克的书《全新思维》中的关键点，许多人可能会制作出像上面这样的文字满满的幻灯片。

在这个调整之后的版本中，我添加了一些关于思想和交流主题的风格元素，并删掉了大部分文字，突出重点的同时增加了幻灯片的可读性。

在这里，我用更具冲击力、引人深思的摄影照片重新设计了同样的内容。

相同的内容再调整一下，这一次的感觉像一个剪贴簿或相册，更加符合"教育中的创造力"这一演讲主题。

图片优先效应

　　根据图片优先效应，图片比文字更容易被记住。当人们不经意间接触到某个信息，且接触时间非常有限的时候，图片优先效应体现得更明显。如果把一段信息，分别用图片和文字的形式让人们观看，然后立刻检测能记住多少，此时，图片和文字的两种形式能让人们记住的程度大致相等。但是，《设计的法则》（*Universal Principles of Design*）

中引用的研究表明，如果再等 30 秒，图片形式的回忆效果就会变得更好。该书作者立德威尔（Lidwell）、霍顿（Holden）和巴特勒（Butler）说："利用图片优先效应可以提高关键信息的识别和回忆效果。在展示信息的时候，如果同时使用图片和文字，要先确保它们强化的是相同的信息，以获得最佳效果。"当图片展示的是人们常见的、具体的事物时，图片优先效应的效果是最好的。

你可以看到图片优先效应在营销中被广泛使用，比如海报、广告牌、宣传册、年度报告等。当你设计带有图像和文字的幻灯片来辅助你的演讲时，也要记住和应用这种效应。视觉图像，即图片、图表、插图等视觉元素，是一种强大的记忆工具。它们可以帮助观众更好地理解和记住你的内容，相比之下，看演讲者从屏幕上读文字的方式效果要差很多。这是因为人们对图像的记忆通常比对文字的记忆更持久、更准确，这就是所谓的"图片优先效应"。

视觉化

图像是人类进行交流的一种强大且自然的方式。这里我要强调一下"自然"，因为我们的大脑天生就对理解图像和使用图像进行交流具有很强的适应性。在我们非常年幼的时候，我们内心深处似乎就渴望去绘画、涂鸦、拍照，或者用其他方式去展现我们脑海中的想法。

2005 年，亚历西斯·杰拉德和鲍勃·戈尔茨坦出版了《视觉化：使用图像来提高生产力、决策和利润》（*Going Visual: Using Images to Enhance Productivity, Decision-Making and Profits*）。杰拉德和戈尔茨坦强烈建议我们，要使用视觉元素来讲述一个故事或证明一个观点。然而，作者并不是因为图像看起来很酷或者有现代感而建议使用它。视觉化的目的是希望使用图像来改善沟通效果。例如，你可以写一大段文字来讨论一场火灾如何影响生产，但如果使用图片加上少量的文字（或口头词汇）来描述，不是更有力量吗？哪种方式更让人印象深刻？哪种方式会产生更大的影响？

老年服饰市场爆发
- Baby Boomer generation is biggest demographic in the US.
- Fastest growing market for fitness-related products.
- Number of fitness-club members over the age of 50 has seen huge growth.
- Baby Boomer market is around 75.4 million according to Pew Research.
- Baby Boomers represent a large market but also a market with incredible spending power.
- This market does not see aging as the end of life but rather the beginning of a new life. It is important not to use terms like "old" or "elderly," etc.
- They may not be "digital natives" but they do use technology, just differently than younger markets. (For example, email is still an effective way to engage with Boomers.)

项目符号可以作为总结或突出文档关键点的有效手段，但在实际的演讲中，更直观的方式会让观众更加投入。在这种情况下，左侧幻灯片罗列了演讲者所有想讲的内容，但幻灯片的设计是为了补充和辅助演讲，罗列所有内容只会干扰观众的阅读和理解。其他的幻灯片同理，比如说我们可以用一个图表来展示市场的规模以及它的增长速度。所以，每当你有一个充满大量文字的幻灯片时，问问自己，是否可以通过图片等视觉元素来更好地强化你的信息？

京德丸 18 号渔船在日本宫城县气仙沼港口被海啸平移了半英里

2011 年 3 月 11 日，一场毁灭性的海啸袭击了日本北部地区。在日本宫城县气仙沼港口，一艘名为"京德丸 18 号"的大型渔船在海啸中被冲到了半英里远的陆地上。后来，这艘船在那里停留了两年，以非常直观的形式，向人们展示海啸的威力。经过激烈的争论，这艘船在2013 年才被报废处理。虽然像上面那样充满文字的幻灯片，可以帮助演讲者记住这场自然灾害，但它对观众来说并无吸引力，也无法直观地展示海啸的力量。而右侧的京德丸 18 号的图片是我在海啸发生一年后截取的一段视频中的静态画面。通过这两张幻灯片的对比，明显可以感觉到用图片展示的效果，远比用文字描述要直接有力。

使用图片进行对比是一种非常有效的展示方式，在这个案例中，幻灯片运用过去和现在的图片对比展示了环境和气候变化对大自然的影响。阿尔·戈尔（Al Gore）在他的演讲和记录片《难以忽视的真相》（*An Inconvenient Truth*）中使用了大量今昔的视觉比较，以展示随时间变化而产生的物理变化。

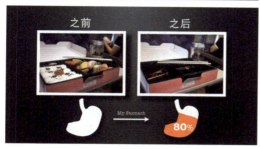

这个案例展示了第1章所提到的那份便当。这种享用便当前后的图片对比很有视觉效果。

　　当你准备一场演讲的幻灯片时，不妨问问自己：你在幻灯片上用文字表示的信息，有哪些是可以用一张照片（或其他适当的图像或图形）来代替的？当然，你可能仍需要文本来进行标注或者解释，但如果你在幻灯片上可以用文本的方式描述清楚某个事物，或许用图像来展示能够更直接和高效。

　　图像是强大、高效且直接的。图像可以作为高效的记忆工具，使信息更容易被记住。如果人们不能在听演讲者讲述的同时阅读幻灯片上的文字，那么为什么大多数的幻灯片中的文字部分却远多于图像呢？其中一个历史性的原因是，视觉交流方式与技术密切相关，职场人士受到了当时技术的限制。到了今天，大多数人具备了基本的工具，例如数码相机和图像编辑软件，这些工具有助于我们在幻灯片中加入高质量的图像。

　　因此，我们没有任何借口拒绝使用图像了。我们只需要用一种新的角度看待幻灯片，而且要认识到，如今带有幻灯片和其他多媒体的演示，与电影（图像和叙述）和漫画（图像和文字）有更多的共同点，而与书面文档没有太多的关系。今天的幻灯片演示越来越像一部纪录片，而不是像过去那样投影一张张透明胶片。

　　在接下来的几页中，你将看到一些幻灯片，它们以不同的视觉处理方式来展示相同的信息。使用背景是一个关于日本性别和劳动力市场主题的演示，而幻灯片是希望以视觉方式来支持这样一个论点——日本的兼职工作者中有 70% 是女性（这个统计数据来自日本劳动部）。演讲者希望观众能记住这个 70% 的数字，因为它在演讲中会被多次讨论。因此，我们设计了一个简单的、易于记忆的幻灯片，让它融入这个有吸引力的主题。

这张最初设计的幻灯片有很多问题：剪贴画并没有起到强化统计数据的作用；里面的人物不符合日本劳动力市场中关于女性的主题；幻灯片背景是一个过于常用且老套的 PowerPoint 模板。

虽然幻灯片上的文字容易阅读，剪贴画也切合主题，但它仍然没有让幻灯片有强烈的视觉冲击力，看起来也不够专业。

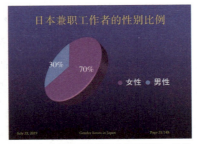

这张幻灯片以典型的饼图来展示数据，但是3D 图表并没有提高数据的可读性，也没有强调数据的重要性。

在这个案例里，只用两个项目符号就能让内容一目了然。使用日本女性兼职工作者的图片是合适的，但设计上还有优化的空间。

上面的 4 张幻灯片展示了 4 种不同的处理方式，这些幻灯片都可以很好地帮助演讲者去讲述内容。可以看到，我在幻灯片中删掉了"日本"这个词，因为在现场演讲的上下文中就能感知到讲述的是日本的相关情况。与我们优化前的那些幻灯片相比，上面的幻灯片更具画面感和美感。

下面左边这张幻灯片是最后演讲中使用的幻灯片，而其他的幻灯片则使用素材库里相同风格的图片来重新设计，保证整个幻灯片的视觉统一，更好地协助演讲者完成演讲。

全屏显示

很多演讲者经常使用过小的图片，使得观众难以看清内容，降低了照片的效果。我们为演讲设计的幻灯片更像是路标或广告牌，它们必须具备这三个特点：能够吸引观众的注意力；内容高度可视化，且容易理解；所使用的视觉信息有助于我们记忆。所以，我建议你考虑用面积较大且常见的元素（包括大字）来制作电影式幻灯片。实现电影式幻灯片的其中一种方法，是让你的图像充满页面，全屏显示会给人一种幻灯片比实际大的错觉。与电影屏幕一样，你的演示屏幕其实也是通向另一个空间的窗口。如果你坚持使用较小的视觉元素，而且始终限制在框架内，那么你的窗口会显得更小，也不够吸引人。

另一种方法，是使用超出页面的视觉元素。我们的大脑会自然地填补空白，或者脑补出框架外的部分。例如，如果你有一张地球的图像，而在屏幕中只展示地球的一部分，剩余部分超出了屏幕，你的观众会下意识地填补图像的缺失部分。这种方法使得图像更具吸引力，也更能吸引观众的目光。

修改前 ▼

虽然上面幻灯片中的图片可能会引导你的目光沿着路径移动，但你的目光基本上会在图片与幻灯片背景接触的边缘处停下。

修改后 ▼

在这种情况下，图像填满了屏幕，使其看起来更像是通向另一个空间的窗口。图上的路径像是会不断延伸，而不只是幻灯片背景上的一张图片。

演讲者使用了很小的照片来展示这个令人印象深刻的建筑，导致建筑的壮观和宏伟都体现不出来了，还白白浪费了大部分的空间。

而现在，我们不仅可以看到图片中建筑的细节，还可以通过人群和建筑的对比，真切地感受到建筑的宏伟。要记住，全屏图像会让屏幕显得比实际尺寸更大。

这种包含有小图和几行文案的幻灯片，虽然在学术环境中并不少见，但你的听众对这样的幻灯片及其内容丝毫提不起兴趣，而且微小的图片并不能让观众感受到罗马斗兽场的震撼。

如果图片足够大，可以填充整个屏幕，那么为什么不这么做，让观众更容易看到其规模和细节呢？将幻灯片中的文字删去，转而由演讲者说出，而不是由观众阅读，这样演讲的效果就能大大改善。

字体

　　一般情况下，字体可以分为衬线体（Serif）、无衬线体（Sans Serif）和粗衬线体（Slab Serif）。区分它们的基本方式之一是观察字母和标点等字符中有无衬线。衬线（Serif）是指构成字母和符号主要笔画末端的小线条或笔画。而 Sans 意思是"无"，因此无衬线字体就是没有那些小笔画的字体。无衬线字体通常是我们周围看到的广告牌和大部分标志的首选字体。对于幻灯片设计来说，在绝大部分情况下，使用无衬线字体都是一个不错的选择。当然也有例外，比如像 Rockwell 这样的粗衬线字体，它具有厚重的块状衬线，用在幻灯片中时，字体显示效果是非常优秀的，而且在较大的尺寸下，诸如 Garamond 和类似的衬线字体也可以被清晰地阅读。总之，你要记住，在幻灯片中你使用的字体一定要足够大，使其能够在第一时间吸引观众的注意力。

　　当你在幻灯片中放大字体时，文字之间的空间可能会同步增大，但你可以使用幻灯片软件中的功能来减小字符间距，让字体看起来更紧凑。字体的行间距在字体较大的时候也可能显得太大，同理，你可以在行间距的设置中调整。以下是一些衬线、无衬线和粗衬线字体的例子：

顶部的幻灯片展示的是衬线字体 Garamond Regular。中间的幻灯片是它的粗体版本，字母间距和行间距更紧凑。底部的幻灯片展示了它实际应用的效果。

这里使用的字体是 Helvetica Neue。顶部的幻灯片显示了常规的字重。中间的幻灯片以相同的大小展示了粗体，可以看到粗体版本的字母间距和行间距更紧凑。

在顶部的幻灯片中，展示的是粗衬线字体 Rockwell 的常规字重。中间的幻灯片显示了字母间距和行间距更紧凑的粗体版本。

以上四张幻灯片都使用了衬线字体。正如你所看到的，只要字体足够大，并且调整好字间距和行间距，使用衬线字体并没有什么问题。就我个人来说，我更喜欢右侧的幻灯片，因为字体在图片上更突出，而且与每张幻灯片的信息更加和谐。

顶部的两张幻灯片使用了名为 Helvetica 的无衬线字体。Helvetica 在日常使用中无处不在，而且它看起来干净、灵活、没有明显的风格倾向，因此大部分情况下它能够和背景图像融合得很好。而底部的两张幻灯片则使用了一种名为 American Typewriter 的粗衬线字体，这种复古的打字机样式字体更适合底部两张幻灯片的主题。

在本页或本书中的所有幻灯片都不是单独存在的。在上面的幻灯片中，碗里的米饭会吸引你的注意力，因为它是屏幕上最大、最直观的元素，再结合文案你就能快速理解这一页所传达的核心信息。

因为碗的位置超出了页面，所以在屏幕上看起来感觉会比实际要大，这样的设计能让观众更加沉浸在你的演讲里。碗强化了关键信息，而照片的构图中有大量的留白，能让字体可以尽量地放大，从而可以被观众轻松看清。

在这个案例中，图像被呈现为一个框架照片，放置在幻灯片的右侧三分之一处。文字被合适地放置在左侧的三分之二处，同时保留了大量的留白。整个演示文稿的字体和背景颜色都直接取自三文鱼餐的照片内容。这有助于给幻灯片一种微妙、和谐的感觉。

颜色主题在这张幻灯片以及从中取出的整个幻灯片集中都得到了延续。在这里，三文鱼以不同的方式展示，如作为寿司。注意看，筷子是如何超出框架的。观众不会有意识地注意到这一点，但让图像延伸到框架之外能使设计更具动态和吸引力。

这张幻灯片的排版非常干净简约，只有黑色的Helvetica字体在白色背景上，旁边的笔记本图片强化了这张幻灯片的主题。为了拍摄这张笔记本的照片，我将它放在一张巨大的白纸上，靠近窗户以获得良好的光源，这样拍出来的照片效果更好。

你的眼睛可能首先注意到柱子，然后会快速转向字体。字体简单大方，大量的留白让字体有足够的呼吸感。引号的颜色取自图片上的柱子，以此让文字更好地融进图片里。

引用

冗长的项目符号列表或许不适合用于幻灯片的视觉呈现，但在幻灯片中展示引文却是一种非常有用的技巧。我经常会根据演讲的内容，引用各个领域的语录来支持我的观点。但要注意的是，不要过度使用引文，而且要确保它们短小且清晰易读。

几年前我还在硅谷工作的时候，第一次看到汤姆·彼得斯（Tom Peters）的现场演讲，我很惊喜地发现他在幻灯片里引用了各种专家、作家和行业领袖的优秀语录。这说明对于汤姆来说，在演讲中使用引文是一件非常重要且有效的事情。同时，引文这一方法，被列为他所写的《56 个卓越演示技能》（*Presentation Excellence 56*）文章中的第 18 种方法。

至于为何经常使用引文，汤姆是这么解释的："当我用伟大的语录来支持我的观点时，它们会显得更有说服力。在演讲时，我会说一些相当激进的话，比如说'你得更加激进！'这只是从我的角度出发的一种观点。但接着我会展示杰克·韦尔奇（Jack Welch）的一句话，毕竟，他曾经管理过一家价值 1500 亿美元的公司（而我没有），'你不能以冷静、理性的方式行事，你必须在疯狂的边缘行事'。当这句话展示出来的时候，我的激进主义仿佛被一个'真正的操作者''认证'了。另外，我发现人们不会只满足于口头表达，更希望看到幻灯片上关于我正在说的事情的简单总结。"

引用的确可以增加你故事的可信度。你可以将一个简单的引文融入你的演讲中，来支持你的观点，或作为你引出下一个话题的跳板。记住，引文要做到能短则短，因为如果让演讲者从屏幕上读一个段落，那整个演讲氛围将会变得十分沉闷。

图像中的文本

引文所用的语录，几乎都是从我阅读的书籍材料或个人采访中收集来的。比如，我的书里满是便利贴，上面写满了我的评论和标记。在一些关键段落旁边，我会画一个星星，并给自己写一个注释，以便提醒自己这段话可以作为以后某次演讲的重要参考。这种方式看上去有点混乱，但当我在整理演讲素材的时候，这些便利贴和星星将会起到举足轻重的作用。

当我使用引文时，我有时会给它添加一个图形元素，这不仅可以从情感层面触动观众，吸引更多的目光，还可以增强幻灯片的设计感。但同之前的章节中提到的那样，与其使用小照片或其他小元素，还不如考虑将文本放在更大的照片里。你只需要使用一张与你的幻灯片尺寸一样大的图像作为背景即可。所以在使用引文的时候，你可以试着寻找一个能支持你引文观点的图片，而图像要有足够的留白，这样就有足够的空间放置文案，同时，文案的清晰度也能得到保证。

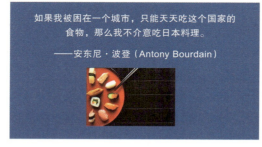

左图展示了两张用小图搭配引文的幻灯片。而在右图，你会看到同样的引文，但完美地融进了大图里，而不仅仅是放在小图旁边。你可以对比一下这两种情况下，引文和图像的视觉冲击力的差异。

文案放置在白色的背景上，这个背景看起来就像纸一样。这让文案展示得更清晰，更易于阅读，同时为这一页幻灯片模拟出纸张的质感。

在这个案例里，幻灯片使用了被引用话语的作者照片，可以让引用本身更鲜活生动，仿佛就是本人在说话一样。大家可以留意一下，茶饮大师 Kakuzo-san 先生正在盯着这句话，这也可以起到视觉引导的作用。

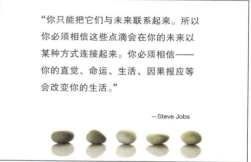

这里的引文分布在两张幻灯片上，而第二张幻灯片上的文案相当长，但是关键语句已经用红色来突出显示了。你当然不想引用像这样的长语录作为视觉元素，但如果你只是偶尔引用这种长的语录，而且讲到这里的时候不会匆匆忙忙地展示一下就跳过，这种情况下，长引文可以为观众提供有用的上下文信息。但一定要注意，引文字体要足够大，大到足以让观众在最后一排都能清晰看到。大多数人可能不会阅读屏幕上的长文案，他们只会听你去讲出来。然而，对观众来说，屏幕上的文字太小导致无法阅读会让他们感到烦恼与失望。

两种语言的视觉效果

　　将两种语言结合在一起放在幻灯片上演示，只要保证两种语言文字的大小不同，就会有意想不到的效果。在这种双语设计里，一种语言需要在视觉上服从另一种语言。比如当我用日语演讲时，幻灯片上的日语文字要比英语文字大（当然是在保证和谐的前提下）。相反，如果我用英语演讲，英语文字会更大。但如果两种语言的文字大小相同，就可能产生视觉冲突，因为字体元素互相竞争以吸引注意力，会对观众起到相反的干扰作用。这种以一种语言文字作为主导，辅以另外一种语言文字的方式，在公共交通标志和广告海报等领域中被广泛使用。从原则上来讲，我们需要在幻灯片的设计中使用最少量的文字，当你要制作双语幻灯片时，对待文字的数量要更加的慎重。后面我会展示我曾经使用的幻灯片案例。

这种以一种语言文字作为主导，辅以另外一种语言文字的方式，在公共交通标志和广告、海报等领域中被广泛使用。

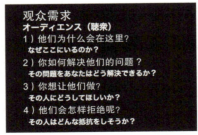 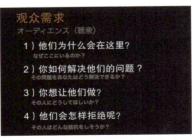

在左边的案例里，所有的文本大小和颜色都非常接近。而在右边的案例里，日语文案是从属于英语文案的。对比一下，哪一张更容易让观众在一瞬间抓住重点呢。

故事像火一样被吸引

"大多数想法，你可以完美勾画出来，即使在沙地上只有一根棍子"

东京有 1740 名无家可归的人

7.8 亿人没有安全的饮用水

Source: CDC

"人们被自己创造的工具所奴役。"
亨利·戴维·梭罗

Make it Big!
足够放大

空白在概念上易于被误解为纯粹的虚无，但实际上蕴藏着无限的可能。

——铃木大拙（Daisetz T. Suzuki）

留白

留白，也称为负空间或白色空间，看起来是一个极其简单的概念，但对于人们来说，最难运用的就是往往就是它。无论是设计文档还是幻灯片，人们都热衷于填满所有空白的区域。最典型的情况就是职场人在制作幻灯片（和文档）时，用尽所有的空间，在页面里填满了文字、框架、剪贴画、图表、页脚和无处不在的公司标志等，不得不说，这是一个严重的错误。

留白意味着优雅和清晰，这在平面设计中是正确的，你也可以在诸如室内设计等情景中看到，空间（无论是视觉上的还是实际中的空间）也非常重要，比如高端品牌店总是设计得尽可能开放，有开阔的活动空间。因此，留白可以给人一种高质量、优雅和重要的感觉。

留白在设计里具有很高的实用性，但初学设计的新人可能只看到正面元素，比如文字或图形，而从未意识到留白的空间，更别说运用留白来使设计更具吸引力。留白可以给设计带来"空气"，让元素之间和整个设计更有呼吸感。如果留白在设计中真的是"无用空间"的话，那么去掉它似乎是有道理的。但是，设计中的留白并非"无"，实际上，它是一个强大的"有"，让幻灯片上的少数元素显得更有分量。

你可以在禅宗的艺术里找到对留白的赞美和肯定。例如，在一幅画中，除了两三个元素之外，可能主要的部分是"空"的，但元素在空间内的位置可以给观众传递强有力的信息。同样的方法也被应用到房间的装饰和布置中，许多日本家庭都有一个铺着榻榻米的传统房间，房间整体风格简单而且大部分是空的，这些空间就能让人们增添喜欢的装饰，如一朵花或一幅挂画。留白本身就是一个强大的设计元素，我们为设计添加的越多，图形、幻灯片、文档或生活空间的设计感就越弱，效果就越差。

留白的运用

如下所示的蓝色幻灯片是一个典型案例，幻灯片中有几个要点和一张与主题相关的图片。这张幻灯片并没有很好地运用留白，为了调整它，我将其内容分为 6 张幻灯片，用于介绍"八分饱"的概念。因为不需要将演讲者说的所有话都放在幻灯片上，所以我

去掉了屏幕上大部分的文字。调整之后，幻灯片有干净的白色背景，有足够的留白来引导观众的视线。当调整后的幻灯片呈现出来时，观众的眼睛自然而然会先被图片（体积更大且颜色鲜艳）吸引，然后注意力就会快速地被引导到文本元素上。

人脸的力量

我们非常擅长寻找人的面孔，即便是在没有人脸的地方，我们也能"看到"。卡尔·萨根（Carl Sagan）曾说过："作为一个无意识的副作用，我们大脑中的模式识别机制在从众多细节中提取人脸时，会变得非常高效，以至于我们有时会在没有人脸的地方看到人脸。"这就解释了为什么人们会在一片奶酪三明治中看到特蕾莎修女（Mother Teresa）的形象，或者在火星表面上看到一张人脸。人脸以及近似人脸的图案，都会吸引我们的注意力。平面设计师和营销人员对此了如指掌，这就是为什么你会在各种形式的营销物料中经常看到人脸。

另外，我们天生就会被其他人正在看的方向吸引过去。我在日常生活中也察觉到，即便是我的小女儿，也会顺着我看的方向看去，说明这种本能在人们很小的时候就已经有了。

使用人脸图像（就算是非人类的面孔）可以有效地吸引观众的注意力。这在海报、杂志和广告牌等媒介中尤其有效，但这个概念也可以应用到多媒体和大屏幕显示器上。因为人脸有吸引注意力的作用，所以有时候也得谨慎使用。在运用人脸图像的时候，需要着重考虑的因素是人物的眼神是否符合主题，以及如何引导观众的视线。例如，一项研究使用眼球追踪软件来确定屏幕上婴儿看的方向是否影响了读者的关注点。不出所料，当婴儿的眼神朝右边的文本看去时，右边的文本得到了更多的阅读量。

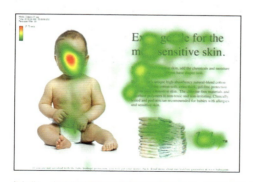 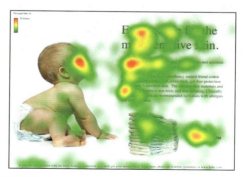

詹姆斯·布瑞斯的眼球追踪研究显示了眼神对引导观看者视线的影响。在幻灯片演示中，人物图像的眼神可能对观众的注意力有类似的影响。

每一次演讲的主题和背景都不一样，是否使用人物或动物的图像取决于你。但只要你使用了带面孔的图片，都要让面孔图像起到吸引注意力的作用，并尝试使用图像中的眼神来帮助引导观众的视线。

如果你使用人物的图片，就要确保他们不会在无形中引导观众远离你希望他们看到的东西。如果文本或图表是最重要的，那么切记不能让人物的朝向与这些元素呈相反方向（左边的幻灯片）。观察这里的幻灯片案例，思考其中的人物图片是如何引导你的视线朝远离其他元素的方向看去的。尽管两张幻灯片从设计上来讲都可以接受，但右侧幻灯片中的人物朝向，却能引导你的视线看文本或图表。

幻灯片的左上角通常是我们的眼睛首先会留意到的地方，但是像人（或动物）这样的元素可能会更先一步吸引我们的注意力。在上面的案例中，就算观众先注意到全屏图片中的人物，但接着他们的视线会自然地看向字体，因为不管在哪一张幻灯片中，人物都是正朝着页面中的字体看去或走去，而观众的视线也会朝相同的方向看去。

平衡

平衡在设计中很重要，我们可以巧妙地利用留白来实现画面的平衡感。具备平衡感的设计都有一个共同的特点，那就是具有明确且单一的信息。设计优秀的幻灯片同理，它也应该有一个明确清晰的元素作为起点，并引导着观众的视线；观众不需要考虑应该看哪里。要记住，不管是什么方面的设计，绝不能让观众感到困惑。对于设计重要性不同的内容，需要在确保元素之间平衡的前提下，通过设计明显的层次差异表达出来。

然而，平衡并不意味着必须严格对称。通过你对元素的精心布置，留白空间能以意想不到的方式来平衡你的构图，有意识地使用留白甚至可以给你的设计带来动感。在这种情况下，留白空间并不是累赘，它能够起到优化设计的积极作用。如果你想给幻灯片带来更多的动感和吸引力，那么你可以考虑使用非对称的设计。非对称设计在视觉上由各种大小不同的形状和空间组成，正是这种不正式且富有动态的感觉，进一步激活了留白空间，使设计更加有趣。

对称设计有一个特点，对称轴的位置是整个页面重要程度最高的地方。而设计元素则平衡地放置在对称轴的两侧，这两侧的重要程度是相同的。比起非对称设计，对称设计更静态，让人有一种正式且稳定的感觉。虽然中心对称在设计上并没有什么问题，但这种设计中的留白空间往往被推到更靠近边缘的两侧。

设计是视觉化和操纵形状的过程，但如果我们没有把幻灯片中的留白空间作为一个形状来看待，那么它将没办法被利用起来；就算把留白空间运用起来也可能是偶然碰巧做到的。也是因为这个原因，留白在设计里发挥的作用没有那么大。因此，优秀的演讲者在制作幻灯片的时候，通常会综合运用对称和非对称的方式，让留白呈现最好的效果。

水墨画是一门传统的毛笔画艺术，我们从中可以学习如何在设计中实现平衡。水墨画通过墨色"浓淡"（通过设计明暗部分）变化达到平衡和和谐的视觉效果。不管你在设计中使用多种颜色或者只是用灰度创造明暗元素，还是利用留白空间，这些都是实现非对称平衡的基础。

由凯瑟琳·斯科特（Kathleen Scott）创作的水墨画。

网格和三分法

艺术家和设计师们都热衷在他们的作品中引入一个在自然中发现的比例，叫作"黄金分割"或"黄金比例"。这个比例是 1 : 1.618，一个以此比例分割的矩形被称为"黄金矩形"。有一种观点认为：我们会自然而然地被那些接近黄金矩形比例的图像吸引，就像我们常常被大自然中拥有黄金比例的事物吸引一样。然而在大多数情况下，根据黄金比例来设计视觉效果是不切实际的。但是，有一种由黄金比例演化出来的方法，名为三分法；它是一个基本的设计技巧，可以帮助你为设计增加平衡感（对称或非对称）及设计感。

三分法是摄影师学习构图的基本技巧。如果将摄影主体准确地放在构图的中间，通常会导致照片显得沉闷无趣。因此，如果我们将取景框划分一下，垂直和水平方向分别用两根线条分割，这样你就得到一个九宫格取景框，以及线条两两相交形成的四个交叉点。在摄影构图的时候，将摄影主体放置在这四个交叉点（也被称为"力量点"）上，拍摄出来的照片会比把主体放在中间的照片更生动有趣。

在设计方面，绝对的自由并不能带来真正的自由。你需要限制你的选择，以便你不会浪费时间调整每一个设计元素的位置。而创建简约的网格辅助设计是一个很好的自我限制的方法。你可能没有意识到，实际上每一个网页和每一本书或杂志的页面都是在网格的基础上排版设计的。网格可以节省你的时间，并确保你的设计元素在显示屏上更和谐地配合。比如，通过网格可以将你的幻灯片画布划分为三等份，这是实现近似黄金比例的简单方法。此外，你可以使用网格辅助对齐元素，让设计的整体更整齐和谐，让别人意识到这并不是随意摆放的，而是有设计的。

下面展示了几张来自不同演讲的幻灯片，这些幻灯片虽然都是非对称设计，但整体看起来和谐平衡。首先，让我们看一些幻灯片的前后对比，它们展示了对称布局和不对称（平衡、动态、电影式）布局之间的差异。

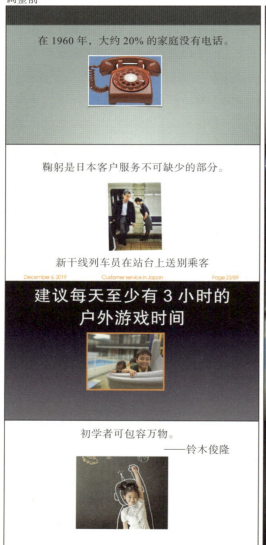

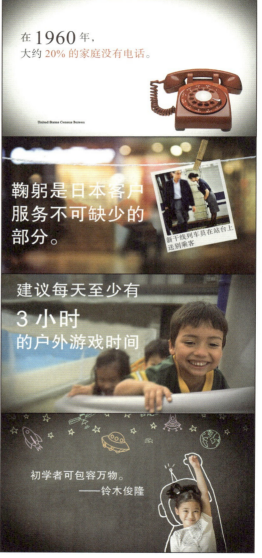

调整前

调整后

左上角的图片不是幻灯片，而是葛饰北斋（Katsushika Hokusai）的画——《凯风快晴》，它来自浮世绘系列《富岳三十六景》。我在这幅画上放了一个九宫格，以展示三分法在构图中的运用。然而，要记住的是，三分法并不是一条必须使用的规则，而是一个指导原则；当你想要达到平衡且非对称的效果时，三分法就能起到很好的辅助作用。

下面是一些使用九宫格设计的幻灯片案例。你在摆放和裁剪照片，以及在幻灯片上排列元素的时候，不妨尝试一下这种方法。

每日冥想有益身心健康吗？

京都租借和服 TOP10

自然放养的奶牛所产的牛奶中含有更多的健康脂肪

Journal of Dairy Science
June 2006, Volume 89

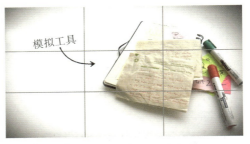

模拟工具

热量:220
蛋白质:8g
碳水化合物:29g
脂肪:8g

Hot Cocoa

远程工作的优缺点

创建你自己的视觉风格。切记让它对你来说是独一无二的，而对其他人来说是可识别的。

——奥逊·威尔斯（Orson Welles）

对比、重复、对齐、就近

这四个原则——对比、重复、对齐和就近，并不是关于平面设计的全部知识。但是，理解这些简单的、相关的概念并将它们应用到幻灯片设计中，可以使设计更令人满意和有效。

对比

简单来说，对比就是差异。无论出于什么原因，我们都非常擅长发现差异——也许我们的大脑认为它们仍然在草原上寻找野生捕食者。我们本身可能并没有意识到这一点，但我们始终在扫描并寻找相似和差异。通过对比的手法，我们能够给设计创造出易于察觉的差异化元素，给设计带来活力。所以，在运用对比原则的时候，你应该让不同的元素有明显区别，而不是稍微有些不一样。

对比是最强大的设计概念之一，因为任何设计元素都可以与另一个元素形成对比。你可以通过很多方式实现对比，例如：空间的距离（近与远、空与满）、颜色的选取（深与浅、冷与暖）、字体的选择（有衬线和无衬线、粗体和细体）、元素间的位置关系（上和下、孤立和分组）等。

利用对比原则，可以帮助你实现一个主题突出的设计，有助于观众快速理解你的设计重点。每一个优秀的设计都有明显的焦点和元素对比，其中某一个元素必然处于主导地位。如果设计中的所有元素重要性都相同，就会导致对比效果弱、缺少明显的主导元素，观众很难确定自己应该看哪里。对比强烈的设计能起到吸引注意力的作用，并能帮助和引导观众理解你的设计。而在设计中如果对比强度很弱，不仅使得设计看上去乏味，而且可能会引起混淆。

设计中的每一个元素细节都可以用来创造对比，例如：线条、形状、颜色、材质、大小、空间和风格等。下面的案例里，我们将讨论一下，使用对比效果好的幻灯片和使用对比较弱的幻灯片之间的区别。

在上面的幻灯片中，我们看到了六位男士，但我们的眼睛会情不自禁地注意到左边第二位男士。这位男士在衣服的种类和颜色、态度和姿势上都与其他几位男士明显不同。在下面的页面上，你可以看到幻灯片从弱对比变为强对比后的效果。

弱对比度

强对比度

重复

　　重复原则，简单来说就是在设计中重复使用相同或相似的元素。在单页幻灯片中或者在整个幻灯片中重复使用某些设计元素可以带来明显的统一性和连贯性。与产生差异的对比原则不同，重复通过巧妙地使用元素确保设计被视为整体的一部分。如果你使用的是幻灯片软件中的现成模板，那么重复就已经存在于你的幻灯片里；因为模板一般都是由重复性元素制作的，这样可以保证整套幻灯片的视觉统一。例如，模板的每一页会有一致的背景，以及设定好的字体和颜色组合，这都能让幻灯片在视觉上更加统一。

上图是来自 shutterstock 网站的两个模板案例，它们展示了如何在幻灯片中使用重复的视觉元素，以实现统一的外观和风格。注意观察每张幻灯片的颜色、形状、类型、图片和图表，它们从外观上看都是高度相似甚至相同的。如果你想获取一些高质量的幻灯片模板，可以在 Canva 网站和 Creative Market 网站上找一找。

对齐

　　对齐原则的重点是，幻灯片中的任何元素看起来都不应该像是随机放置的，每个元素都应该可以通过一条看不见的线在视觉上联系起来。重复更多关注的是一套幻灯片中元素的统一，而对齐则是更多着眼于同一张幻灯片中的元素之间的联系。即便是同一张幻灯片中相隔很远的元素，也应在视觉上存在一定的联系；如果搭配网格，实现这种联系就更容易些。总之，对齐原则就是要求我们在幻灯片上放置元素时，试着让它们与现有的元素保持对齐。

　　许多人在实际的幻灯片制作中没有运用好对齐原则，导致元素总是没有被对齐。这可能看起来没什么大不了的，但这样的幻灯片看起来不够精细，整体上也显得不够专业。当然，观众也可能没有意识到没对齐的问题，但对齐的幻灯片总是看起来更干净整洁。并且，如果也综合运用其他原则，那么带有对齐元素的幻灯片会变得更容易理解。

就近

　　就近原则是指改变元素的远近程度，让设计更加有组织和合理。简单来讲，就是相关的项目应该靠在一起，这样它们会被视为一组，而不是几个无关的元素。观众会下意识认为彼此间距离较远的元素就是不相关的，他们会自然地将靠近的元素视为一组独立的元素。

　　我们不应该让观众费力理解哪段文案是解释哪张图片的，或者判断某一行文案是副标题还是与主题无关的文字。要记住，不要让观众思考。也就是说，不要让他们在错误的方向上有所"思考"，比如：观众试图理解幻灯片的排版和优先级问题。幻灯片不同于书籍或杂志中的一页，因此你不能在一张幻灯片上放太多的元素或元素组。在罗宾·威廉姆斯的畅销书《写给大家看的设计书》（*The Non-Designer's Design Book*）中曾提到：我们必须意识到，当我们退后一步观察我们的设计时，眼睛首先看到设计的哪

个地方。所以，当你看你的幻灯片时，注意你的视线首先会移到哪个地方，然后视线
又会被引导到哪里，以此类推。你不妨找一张你的幻灯片，测试一下你的视线经过的
路径。

这张幻灯片封面缺少优先级的设计。由于对比、对齐和就近原则没有被运用，所以幻灯片看上去像有五个独立的元素，相互之间没有联系。

演说设计的原则
如何像设计师一样思考
Less Nesmen
PRKW 中心主任

在运用对齐和就近原则调整后，这页幻灯片封面上有关联的元素被摆放在一起。通过调整字体、大小和颜色强化对比效果，给设计增添了明确的优先级、丰富了层次感。

演说设计的原则
如何像设计师一样思考

Less Nesmen
PRKW 中心主任

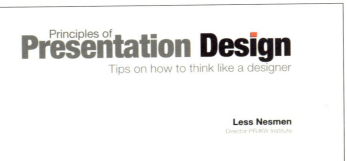

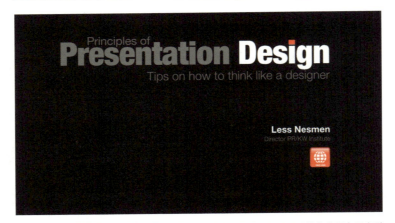

这两张幻灯片展示了如何将所有元素右对齐，使得仿佛有一条看不见的线将所有元素联系在一起。这种方式比传统的居中对齐方式更加灵活和有设计感。幻灯片的字体和颜色也进行了调整，以营造更强的对比度。最后，标题中 Design 的 i 上的点也被调整成红色，与右下角的红色 LOGO 相呼应。

调整前

虽然幻灯片上的文案容易阅读，但是没有做好对齐，整体就显得很乱。

这是一张十分常见的幻灯片，但在这种情况下真的有必要使用项目符号列表吗？这种幻灯片观众已经看过无数次，为什么不做一些更大胆的尝试呢？

这是一张容易阅读的、简单的幻灯片，但由于没有用好就近原则、排版混乱以及图片与背景冲突，增加了干扰观众观看的因素，还给人一种杂乱的感觉。

调整后

在调整后，将大部分的文本删除，这是因为演讲者只需要突出引文，其他文案从他的口中讲述出来即可。在这页幻灯片里，观众可能首先看到老师，然后他们的视线平滑地移动到文案上。虽然老师的眼睛朝着文案的反方向看，但她的身体朝着引文的方向，这样也能引导观众的视线。

在演讲者讲述平板支撑优点的时候，就可以一直展示这一页幻灯片，而不是单纯把优点用项目符号列表展示出来。

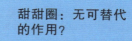

为了符合引文的语言风格，选择使用圆润的字体；而引号的颜色取自粉色甜甜圈，幻灯片的背景也修改为白色，营造出干净的氛围，解决了甜甜圈图片背景冲突的问题。甜甜圈溢出幻灯片边缘，为整个设计增添了动感。

调整前

在下面的幻灯片中，图表中的数据量不算很多；但在没有特殊理由的情况下，数据条却用了不同的颜色来展示，让整个设计变得杂乱；而且文字太小且纵向展示；字体和背景的颜色对比度不够强烈，使得要识别出数据分别对应的是哪个国家变得很困难。

调整后

如果我们把图表和背景的颜色调整一下，就能让文本和数据更容易看清。颜色的使用是要有目的性的，而在这个案例中为了突显芬兰的数据，把芬兰的数据条改成了黄色，其他数据改成同一种颜色。为了进一步让页面简洁，把图表的网格线删除。

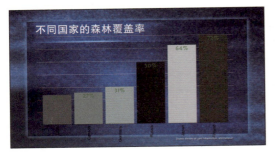

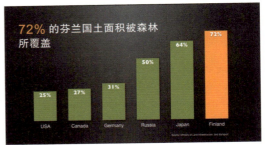

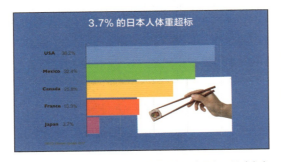

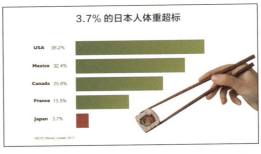

在这个案例中，背景与文本因为颜色对比度不大，导致文字难以阅读。而图表中的数据条采用了不同颜色，增加了混乱。寿司照片的白色背景给视觉增加了不必要的干扰。

在这个调整版本里，将背景颜色设置为白色，让背景和寿司图片融为一体。这样做的好处是，文字、图表和背景相互之间有更强烈的对比，阅读起来就更清晰。日本的数据是图表的重点，所以日本的数据条与其他的数据条颜色不同（并且红色与寿司中的一种材料相匹配）。

调整前

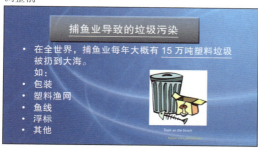

这种类型的幻灯片并不少见，但它同样犯了典型的错误，比如：难看的标题样式、带有下划线的文本，以及没有突显演讲者意图的小图。这种黄色文字在蓝色背景上的组合已经被看过无数次。

调整后

这张幻灯片传达了同样的信息，但是视觉效果醒目多了；它以一种更直观的方式展示了垃圾问题，从而以更真实的方式放大了演讲者的故事。从细节上看，这张幻灯片字体清晰，并且高亮的黄色与海滩上的黄色塑料互相呼应。

调整前

引文和图片都十分震撼，然而这个幻灯片缺乏冲击力或戏剧性。幻灯片背景看起来非常像模板，而且过于复杂，让文本难以阅读。文本处理更是一团糟，一句引文中居然看上去像要点列表。所有元素以居中的形式呈现在幻灯片中，导致空间运用不到位。总而言之，虽然幻灯片的元素不多，但看起来还是乱糟糟的。

调整后

在这个调整后的版本里，字体更大了，而且图片也被同步放大，溢出了幻灯片页面，占据了幻灯片右边三分之一的空间，显得更有冲击力。再看看对图片的处理，图片的多余部分被遮盖，人物的视线朝引文的方向。因此，在这一页幻灯片被呈现的时候，大多数观众会先注意到人物面孔，然后自然而然看向引文。

调整前

调整后

日本首次结婚的年龄变化

- 在 1964 年，首次结婚的年龄，男性平均为 27.9
  岁，女性平均为 25.1 岁
- 在 2019 年，首次结婚的年龄，男性平均为 31.1
  岁，女性平均为 29.4 岁

November 11, 2019　　Japan demographics　　Page 35/99

上面的幻灯片包括一个标题和两个信息点。这张幻灯片被拆分为右侧两张视觉效果不同的幻灯片。右上角的幻灯片呈现的是 1964 年的场景，因此是黑白的；右下角的幻灯片则是 2019 年的一对夫妇自拍的场景，以彩色来呈现。一张黑白和一张彩色，这样对比就会更强烈。

调整前

调整后

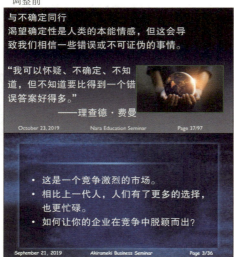

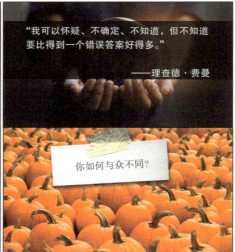

左侧的幻灯片综合运用了四大设计原则，呈现出更简约、视觉化程度更好的效果，让演讲者的信息更为突出。

本章要点

◎ 设计很重要，但它并不是一种装饰或点缀，而是为了尽可能让观众理解起来简单明了。

◎ 谨记信噪比原则，去除所有非必要的元素，移除视觉上的干扰；同时避免使用 3D 效果。

◎ 人们对视觉元素的记忆会比对单纯用项目符号列出要点的记忆更强、更深。在设计时你要多问问自己，如何使用更有力量的视觉元素来加强演讲效果。

◎ 留白并不意味着"无"，相反，它是强大的元素之一。学会找到并处理留白，使幻灯片的设计在逻辑和清晰度上有更好的表现。

◎ 要用高质量的图片，易于看清和理解的同时还能让人印象深刻。在条件允许的情况下，考虑使用全屏图像，并以最简单、最平衡的方式排列所有设计元素。

◎ 善用对比原则，为不同的元素创造强烈的视觉差异。要记住，如果要用对比来创造差异，那就让差异非常明显。

◎ 使用重复原则，确保某些元素在你的幻灯片中反复出现，让幻灯片的视觉更加统一和谐。

◎ 利用对齐原则，让幻灯片上的元素在视觉上产生联系。虽然幻灯片放映的时候，网格线是不可见的，但它能在你设计幻灯片时协助你做好对齐，使幻灯片看起来整齐美观。

◎ 活用就近原则，确保相关的元素组合在一起，不相关的元素互相远离。因为观众会将彼此靠近的元素视为同一类型的信息。

图文并茂

到目前为止，我们已经知道什么样的幻灯片是有效果的，以及如何运用简约、对比、留白等原则。一旦你在幻灯片中实现了视觉平衡，你会发现幻灯片的呈现效果会更好，整体的演讲也会得到改善。如今，你的幻灯片演示应该变得引人入胜，并且真正成为演讲的一部分；同时它们也必须内容清晰、通俗易懂。如果你需要解释一些复杂的内容，不要一次性展示所有的信息；相反，你要通过折页或者动画的方式，逐步地展示幻灯片，让你的图表或者图解按照逻辑和明确的步骤逐步出现。不管你做的是幻灯片设计，还是其他多媒体方面的设计，简约、掌握分寸和协调都是你考虑的重要因素。

在用于演讲的幻灯片里，设计和内容要做到既没有错误又精确。不管你愿不愿意，你的幻灯片设计都会在情感层面触动观众。人们会因此立即判断你的演讲是否吸引人、你是否值得信任、你是否专业或者你是否过于夸张等。这是一种很重要的本能反应。演讲者的目标不是让幻灯片看起来炫酷，而是清晰明了。如果你在设计幻灯片时始终记住简单和掌握分寸，以及遵循第 6 章中提到的基本设计原则，那么你的演讲和幻灯片最终一定能收获不少掌声。

再论全屏

将图片全屏展示，让设计元素在足够空间里被放大，使其清晰易见。

大多数幻灯片的问题不在于其中的文本太大，而在于文本太小。对于会议、课堂和讲座等大型演讲，为什么不放大文本，以便于观众理解，同时为设计带来视觉冲击力呢？字体等元素足够大，并不是哗众取宠。记住，观众是来听演讲的，幻灯片可以帮助阐述和支持演讲者的观点，但没有人愿意听演讲者在台上一字一句念幻灯片上一堆的文字。另外，字体和其他元素足够大，也是为后排观众考虑的一种做法。

大型会议或讲座的演讲屏幕与路标或广告牌有许多共同之处。我的一位朋友南西·杜尔特（Nancy Duarte），曾在她的畅销书 Slide:ology 中提到：优秀的幻灯片类似于路边的标志牌，观众应该能在非常短的时间内读懂幻灯片的内容。幻灯片是一种"秒懂媒体"——更接近广告牌的效果而不是其他复杂的媒体……问问你自己，你的幻灯片信息能否在三秒内被有效地读懂。

就像广告牌一样，幻灯片中的元素，比如字体，都必须足够大，以便在远处都让观众瞬间看到并理解。我们没有任何理由让观众挤眼睛、费力气地看幻灯片，所以你得让幻灯片中的元素够大、够清晰。

这是我在日本奈良生驹市的大型礼堂里做演讲时用的幻灯片封面，这场演讲时长 90 分钟，大约 400 名观众。这张照片是在排练时拍的，你可以看到我在舞台上和我的两个孩子玩耍。我们小心地调整投影仪，使 16 ：9 的幻灯片能够完美地填满整个屏幕。有些幻灯片设计，其实本可以有视觉冲击力，但因为投影仪没有调整好，幻灯片没有填满屏幕，导致视觉效果大大降低。

这张照片是在另一次演讲排练时拍的。当我们在测试幻灯片放映效果的时候，我们注意到 16 ：9 的幻灯片只填满了屏幕的一半左右。我们立刻向技术人员求助，最终他们调整了投影仪，让幻灯片可以填满屏幕。工作人员说以前从来没有人提过这样的问题，他们只默默接受了小尺寸的放映效果。面对这种情况，如果你解决不了关于屏幕或投影仪的问题，应该立刻向工作人员求助，确保所投影的幻灯片尽可能大。毕竟大尺寸能带来更大的视觉冲击，使观众更能沉浸在你的演讲里。

这是我在东京某大学的演讲厅里做演讲的照片，这场演讲有大约 300 名学生和老师参与。在彩排的过程中，投影的幻灯片没有填满屏幕，但是最终在工作人员的协助下，我们成功让幻灯片填满了屏幕。在这场演讲里，因为我不喜欢使用激光笔，所以我直接用手指向屏幕上的相关元素。在演讲时，绝大部分时间我都站在屏幕的两侧或前方的正中央，但偶尔把自己"融入幻灯片"，用身体作为重点指示器。

从文字到视觉：无数可能性

观众其实很反感听演讲的同时看满屏的文字，但最后以何种视觉方式呈现还是取决于你。要想在幻灯片上有效地呈现你想表达的内容不止一种方法。比如，假设你想说明一个简单的观点——如今日本人吃的米饭数量比 55 年前少了很多。最简单的方法就是在幻灯片上打几行文字，这对你来说非常简单，但是对观众来说这可能就有点平平无奇了。因此，对于制作能表达上述观点的幻灯片，我在这里展示了 4 种重新设计的思路，希望对你有所启发。

这是制作最简单的幻灯片，但它无法做到以下三点：（1）引起观众的关注或兴趣；（2）让观点更容易理解（虽然这个观点并不复杂）；（3）让观点直入人心。第一组重新设计的版本，用真实的米饭图片将 5.4 碗和 2.5 碗的数据通过可视化展示出来。而作为一组双语幻灯片，不以相同的大小显示两种语言是设计的要点之一。第二组重新设计的版本也使用了真实米饭的图片，但在它的基础上加入了饭盒和面包的图片，以辅助演讲者讲述关于从 1962—2016 年饮食习惯改变的观点。

第一组重新设计版本

第二组重新设计版本

第三组重新设计版本

日本的大米消费量持续下降

每人每天 5.4 碗米饭　　1962

日本的大米消费量持续下降

每人每天 2.5 碗米饭　　2016

第四组重新设计版本

第三组重新设计的版本大致与第二组重新设计的版本相同，但这次使用的是一张 1962 年拍摄的瘦弱日本男子的图片与一位微胖的男子图片。用这两张图片做比较，以此说明过去几十年来，日本代谢综合征患者不断增加的境况。在第四组重新设计的版本中，还是使用图像来辅助演讲者讲述过去五十多年来日本饮食和生活方式的变化。而右侧的简单图表属于另外一种设计思路，帮助演讲者强调关于改变日本饮食习惯的观点。

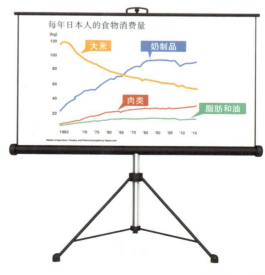

每年日本人的食物消费量

竖屏元素的处理

如今，有超过五十亿人可以通过智能手机或其他移动设备进行拍照和录像。然而绝大部分人都只用手机的相机功能进行拍摄，这导致了大量的图片和视频是以竖屏的形式而不是横屏的形式来呈现的。这其实不是什么大问题，但如果需要在现场演讲的幻灯片上或在电视屏幕上显示这些竖屏的图片或视频，比如在新闻节目里经常会使用由观众用手机拍摄的视频或图片，这个问题就不能被忽视了。

在目前主流屏幕都是横屏的世界里，我们要如何处理竖屏的图片和视频呢？以图片为例，一种方法是直接放大并裁剪图片以适配全屏，但这种方法有可能会将重要的元素裁剪掉，导致关键信息丢失。倘若如此，就不能用这种方法。你只能硬着头皮，直接以竖屏的形式显示图片。然而，将竖屏的图片直接放在横屏的画面上，会让画面两侧出现空白的空间，整个设计显得不专业，甚至会分散观众的注意力。其实要解决这个问题也很简单，常见的方法是复制原始图片，将其放大裁剪直至完全填满屏幕，然后将这个复制的图片置于原始图像的下层。最后，在你的幻灯片软件中给图片添加模糊效果。这种方法的好处是，你可以根据演讲需要，调整背景图像要展示的部分以及它们的模糊程度。

在这个幻灯片中，背景图片分散了观众的注意力，使要展示的图片看上去很窄、不够大气。

将现有图片复制一次，并放大模糊、置于底层。由于现在的图片和模糊的背景图本质上来自同一张图，所以整体颜色看起来非常协调。

在一套全屏显示的幻灯片里，突然显示一页白色背景的幻灯片，这会显得这一张幻灯片与其他部分格格不入，而且非常刺眼。

这张模糊图片被裁剪掉上下两部分。

在信噪比方面，原来幻灯片中的人物可能更清晰，但调整后的这个版本看上去更专业，而且图片整体感觉更大、更有冲击力。

BEFORE ▾　　　　**AFTER** ▾

这里利用了图片背景的横向特性，当我们放大并模糊照片时，原图和模糊图的横向元素刚好连在了一起，感觉像是图片填充了整个屏幕。

这里没有特殊地处理图像，只是简单地放大和模糊原始图片，使最终效果看起来像一张横向的图片。

第一版幻灯片没有问题，但第二个版本更专业、更有冲击力。

这实际上是一个在竖屏模式下拍摄的视频。在这种情况下，我在视频中截取出一张图片，并将其放大模糊后当作背景，保证风格统一的同时也确保了页面的简约。

图层和透明度效果

　　大多数的幻灯片软件都具有编辑图片的属性，其中一项属性是图片的透明度；这项属性能让图片的全部或者某个部分变得透明，让其他元素可以透过图片透明的部分显示出来。在 PowerPoint（微软公司设计的演示文稿软件）中，你可以选择"删除背景"工具来移除图片的某一部分。在 Keynote（苹果公司开发的演示软件）中，"即时 Alpha"工具可以实现这种效果。下面向大家展示几个运用图片局部透明功能的案例，看看局部透明功能是如何让幻灯片变得更有意思的。

这张幻灯片有三张不同的图片。我用 Keynote 中的"即时 Alpha"工具（相当于 PowerPoint 中的"删除背景"功能），将复古电视机图片的背景以及屏幕颜色都去掉。

在这张幻灯片中，我将背景图片放在最底层，将小巧的薯片图片放在背景图层的上面。电视屏幕现在是透明的，我将它放在薯片图层上，使薯片图片看起来像是电视中正在播放的广告。最后，我添加了文案和箭头元素来完善这张幻灯片。

在这张幻灯片中，电视中的图像不是图片，而是一段来自 20 世纪 60 年代老式 8mm 的电影胶片，仿佛带观众回到过去，这大大增强了幻灯片的吸引力。

你可以试试制作自己的模板。在这个案例里，我为一个以"日本变迁"为主题的幻灯片设计了一个复古图片相册的风格模板，其中包含很多历史悠久的图片和视频。这张幻灯片特点是由一张背景图片和一个视频构成。这个背景图片是我的外婆旧相册里的一张照片，我将其拍摄下来作为此幻灯片的背景。然后我保留了图片框架，让原来图片的部分变透明，这样视频就能透过图片框架显示出来。

当展示幻灯片时，观众可能会认为这是一张有富士山和稻田风景的图片；但当我按动遥控器时，视频开始播放，展现出一辆新干线（子弹头列车）正从在田野旁快速通过的景象。

我购买了这张幻灯片中的相册，相册中的照片可作为幻灯片背景图，原因是它白色的相框通过删除背景功能，可以轻易变成透明的。然后我就可以在里面放一些与演讲相关的内容。

这张幻灯片讲述的是我的童年时光。当展示这张幻灯片时，它最初显示了 3 张我过去的照片。但在相框里实际上放置了三个视频片段（从老式 8mm 电影胶片转换而来）。当我按遥控器按钮时，每张"图片"都会转换为一段视频，直接在相框中播放。

模糊效果

有时，你可能想在一段时间内在幻灯片上显示一张全屏照片，然后让相关的文案显示在上面。如果要确保文案能够被清晰展示，其中一种方法就是使用模糊背景图片。具体的方法是：用两张幻灯片，第一张幻灯片放清晰的图片，第二张幻灯片使用同一张图片，将其模糊处理后加上文案，然后在它们之间使用"淡出"的切换动画顺滑过渡，这样既能让图片全屏观看，文案也能被清晰地看到。

渐变 ▼

灵感悄无声息地向我们袭来。用独处迎接它。
——布伦达·尤兰（Brenda Ueland）

渐变 ▼

独处有时是有益的，学会独处也是一种能力。独处可使人修身养性，反思自省。
——玛格丽塔·阿兹米提亚
加州大学克鲁兹分校

首先，我在幻灯片上展示一张清晰的图片（一张海洋和一个独自行走的人的照片）；然后，我让幻灯片平滑地过渡到第二页，而第二页使用的是模糊后的图片并加上了文案。

在这个案例中，首先，我用带有模糊背景图片的幻灯片展示引文，这会吸引观众的注意力，因为他们会对模糊的地点产生一点好奇心。然后，我让幻灯片平滑过渡，呈现出在一个广阔惬意的海滩上有一个人正在浅水中漫步的景象。

幻灯片范例

在这一节中，你即将看到一些来自不同演示文稿的幻灯片（因为篇幅有限，所以每套幻灯片只能选取其中的一部分进行页面展示）。这些幻灯片范例并不都是完美的，虽然我们可以根据基本设计原则来评判一张幻灯片的好与坏，但是如果没有看到实际演讲的效果，很难做出最客观的评价。每个范例的内容和使用场景都不同，但本节中展示的幻灯片有一个共同之处，就是它们都很简约且高度视觉化，在演讲中成功发挥了（或者能够起到）辅助作用，让演讲者的讲述更加清晰明了。当我们评判自己的幻灯片设计时，这 4 条法则可以帮你做出判断：（1）画面效果足够有吸引力或能将观众的视线吸引到屏幕上来；（2）幻灯片能让人快速理解，能帮助观众理解你讲述的内容；（3）幻灯片的内容展示（包括数据的展示）能帮助观众记住你所传达的信息；（4）幻灯片的设计不仅帮助观众理解和记住你所传达的信息，还影响观众在演讲结束后的思考或行为。第 4 条可能不是在每种情况下都适用，但第 1 条～第 3 条几乎在所有的情况下都是至关重要的。

竹子的启发

我为在东京 TED（Technology、Entertainment、Design，技术、娱乐、设计）大会上 12 分钟的演讲制作了这套幻灯片。在这场快节奏的演讲中，我分享了关于通过观察身边的世界让自己得到启发的内容。即使是不起眼的竹子，它在日本文化中扮演不可或缺角色的，也为我们提供了关于简约、灵活和韧性的启发。我使用日本和纸作为幻灯片的背景，让画面看上去更自然、更有质感。这套幻灯片的比例设置为 16：9，以适应东京会场的宽屏。

（1）记住：看起来柔弱的恰恰是坚强的

看起来脆弱却很强壮

不要为了逞强而变大

身高不代表什么，看看我，能从身高上判断我的能力吗？
——Kakuzo Okakura

（2）柔软但很坚韧

（3）根深而灵活

（4）放松繁杂而忙碌的心绪

（5）时刻准备着

"战士像竹子一样，时刻准备战斗"
——Kensho Furaya

（6）空也是一种智慧

"清空水杯，才能再往满"
——李小龙

（7）微笑着、高兴着、休闲着

笑

生而玩乐

微笑是一种力量

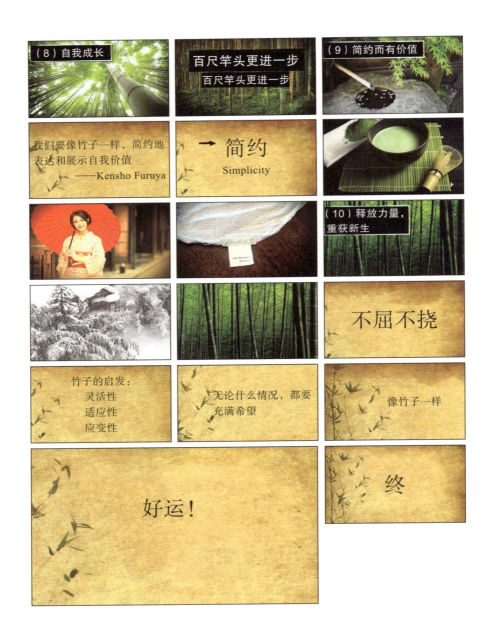

（8）自我成长

百尺竿头更进一步

百尺竿头更进一步

（9）简约而有价值

我们要像竹子一样，简约地表达和展示自我价值
——Kensho Furuya

→ 简约
Simplicity

（10）释放力量，重获新生

不屈不挠

竹子的启发：
灵活性
适应性
应变性

无论什么情况，都要充满希望

像竹子一样

好运！

终

像设计师一样思考

我在很短的时间里制作的这些 4：3 比例的幻灯片（以匹配会场的屏幕），只有文案和背景。我用这些幻灯片在一场 60 分钟的会议里，给非设计人士介绍基本的设计概念。更重要的是，这场演讲实际上是一场交互式讨论，幻灯片只是为了确保我们始终围绕主题，让整场演讲会议更加有条不紊。针对每条重要信息，我还用到了白板和讲义，以帮助我更好地强调和说明。

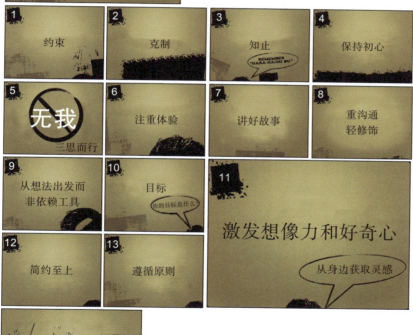

网络会议——主流的演示工具

网络会议专家吉汉·佩雷拉（Gihan Perera）致力于如何开展有效且有吸引力的网络会议。

网络会议已经成为一种主流的演示工具，但许多演讲者，甚至经验丰富的演讲者都表现得很糟糕。网络会议和现场演讲（如研讨会、培训课程或会议室演示）之间最大的区别是演讲场地。当你现场演讲的时候，演讲场地的各种因素，比如房间布局、灯光、屏幕、讲台、座位，甚至观众的注意力，都是为你和你的演讲服务的；相反，对参加网络会议的人来说，他们只是盯着一个小屏幕来看演讲，而身处的大环境充满了其他干扰因素。

因此，这就意味着你必须更努力地吸引你的观众，并在整个演讲过程中让他们的注意力始终保持在演讲上。

下面是能让你的网络会议更有效和更吸引人的 7 种技巧。

1. 保证相关性

如果你在网络会议中向观众保证，你会分享下周末彩票的中奖号码，就算会议中音频质量差、网络连接慢、幻灯片杂乱，甚至在幻灯片中使用杂乱的项目符号、剪贴画和非常难看的字体，你都一定能引起他们的注意。因此，你要理解观众的心理，解决他们的问题，回答他们的问题，为他们提供价值。在演讲和幻灯片领域里，内容永远大于形式，但不要只满足其中之一，要在两方面都表现出色。

网络会议的观众都希望有所收获，他们不是来寻找动力、灵感或娱乐的（这些其实是他们有所收获之后的额外收获）。相反，他们希望能够获得可以用来解决问题、战胜挑战、突破困境和实现愿望的实质性信息。

2. 使用更多的幻灯片

在现场演讲中，幻灯片是视觉辅助工具；而在网络会议中，幻灯片就是观众能看到的全部。因此，在网络会议中，幻灯片的页数可以比你在现场演讲时的多，这样你可以持续吸引观众的注意力，并为你提供更多视觉方面的辅助。网络会议的参与者很容易分神去做其他事情（比如听歌、查收邮件或处理其他工作），所以要通过幻灯片频繁地改变网络会议画面。

这里有一个基本的指导原则，就是每张幻灯片都应该与你正在说的内容相匹配（比起幻灯片只是辅助工具的现场演示，在网络会议中更是如此）。如果需要花超过 1 分钟来陈述一个观点，那就请你用多张幻灯片来讲述这个观点。

投入更多的时间在你的幻灯片设计上，比如使用图表和模型而不是项目列表、使用图标而不是纯文字、使用照片而不是剪贴画等。你的幻灯片不需要成为艺术品，但它们确实需要具有视觉吸引力。

3. 逐步展示你的幻灯片

当你在网络会议中演讲的时候，要逐步展示复杂的幻灯片。比如你正在展示一个图表，可以首先展示坐标轴，然后展示标签，接着展示条形或线条，最后突出关键数据；或者你要展示一个数据模型，也是要一步一步地展示它。在 PowerPoint 中使用动画功能可以很容易实现这种效果（但不要使用花哨的动画，让每个部分"出现"就行），或者你可以单纯使用一系列幻灯片来逐渐呈现出最终的图像。

4. 为你的观众导航

在你的幻灯片中插入"导航页"，方便观众清楚地了解演讲内容的结构和流程。首先从幻灯片的概览页展示，然后在每个重要观点之前都设置一张提醒页（提醒大家接下来是重点），最后以总结页结束。概览页、提醒页和总结页都属于"导航页"。这些"导航页"有助于观众把握网络会议的结构和进展，从而降低他们混淆和分神的风险。

5. 让观众活跃起来

要让你的网络会议时刻保持气氛活跃，并且要频繁地与观众互动。要记住，你的观众正在参与一场现场直播的会议，所以很有必要让他们参与其中。在你的网络会议开始时，试着让观众们做一些简单的事情。比如，你可以进行投票，或者出一个难题考考他们，或者让观众写一些东西，甚至大声发言。这些事情可以让观众们意识到：这个会议从一开始就让他们参与进来，并不是一个无聊的演讲。

6. 调节网络会议的气氛

和任何其他形式的演讲一样，可以在网络会议中设计一些环节调整节奏或调节氛围，例如：

- 进行在线投票；
- 让参与者写写画画；
- 停止讲话，反思 30 秒；
- 展示一个列表清单，让他们在心里挑选出他们觉得最重要的三件事；
- 向观众提问；
- 把演示文稿交给嘉宾；
- 把幻灯片切换成网页或其他软件。

当然，你不用强迫自己在第一个网络会议中就把这些事情都做一遍。随着你对网络会议越来越熟悉，可以逐步增加这些环节，让自己更好地把控会议。

7. 立刻行动

网络会议可能会让人感到不安和紧张，即使是对经验丰富的演讲者来说也是如此。而实践是解决这个问题的唯一方法。你可以从小处着手减轻自己的压力。比如，先面对小组织召开网络会议，而不是一下子面对大量观众；先召开免费的网络会议，熟练之后再开始收费；找别人协助你处理网络会议的技术问题；为你要说的话写一个脚本等。

但请记住，无论你想做什么，请立刻开始做吧！

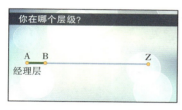 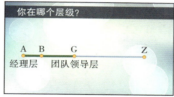 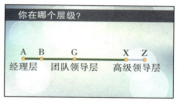

通过逐步展示你的幻灯片元素，保持人们对你的屏幕和演讲的注意力。你可以使用软件中的动画功能来实现，或者只是像下面这样使用一系列的幻灯片来呈现。

通过加入导航页幻灯片，清晰地展示你的网络会议结构，提醒大家了解会议流程和进度。你可以用一个简单的列表来做这个，但这个列表要比一般的项目符号列表更具视觉效果，就像第一个案例那样。如果你稍微对这个列表做一点设计，你就可以使它更具画面感和更有吸引力。

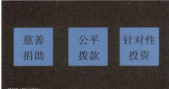

资助制度的变迁

这套幻灯片被城市研究所非营利组织和慈善事业中心（Urban Institute's Center on Nonprofits and Philanthropy）的副主席舍纳·阿什利（Shena Ashley）在华盛顿的一次主题演讲中使用。城市研究所的数据可视化专家乔恩·施瓦比什（Jon Schwabish）曾提到，这场演讲的观众是来自多个大型非营利组织和慈善机构的专业人士。施瓦比什说："我喜欢这套幻灯片的原因（除了优秀的视觉效果）是其拥有干净的设计和简约的数据可视化。"

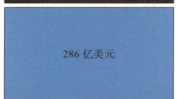

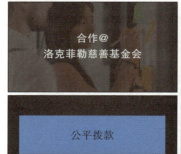

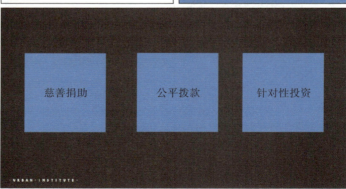

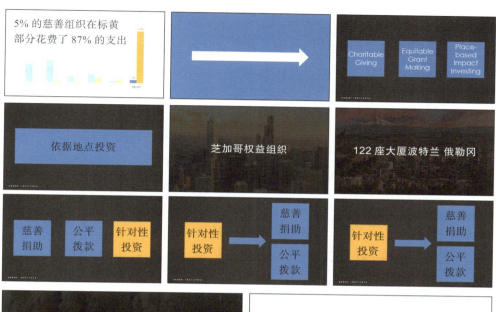

这些幻灯片在时长 30 分钟的问答环节中展示。在讨论的最后，演讲者以提出一些号召性的问题的形式结束，她希望观众们在演讲后思考这些问题。随着幻灯片被逐页展示，问题一个接一个地出现在屏幕上。在感谢观众之前，以简短的总结或明确的行动号召结束问答环节是一种很好的形式。

第 7 章　图文并茂　197

认清真相

这套幻灯片可以在 Gapminder 网站上免费获取，它的设计风格简洁；它展示了汉斯·罗斯林（Hans Rosling）的书《事实》（*Factfulness: Ten Reasons We're Wrong About the World and Why Things Are Better Than You Think*）。在这套幻灯片中，每张标题页分别代表十大要点，然后再分别用两张幻灯片展开阐述每个要点，如下面的幻灯片所示。这套幻灯片在多年来的公开演讲和 TED 演讲中都被展示过。Gapminder 是我非常喜欢的一个网站，它免费提供了十几套优秀的幻灯片，这些都是非常珍贵的资源。

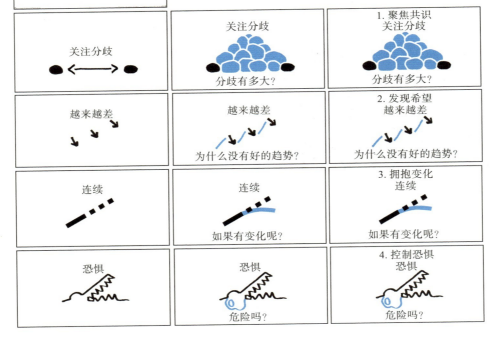

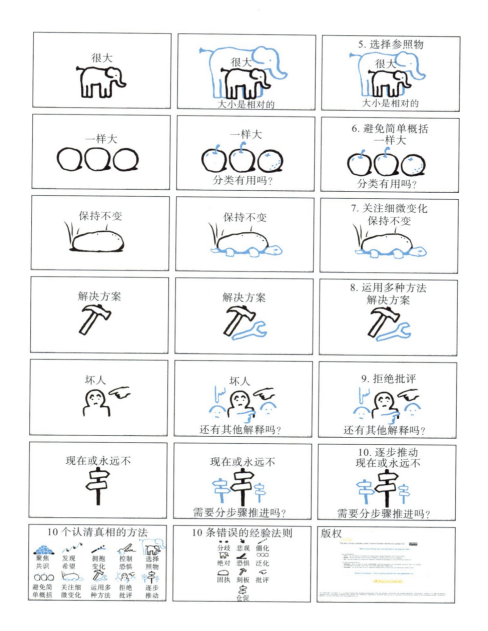

日本温泉礼仪

1 在泡汤之前先洗澡

2 用清水冲洗身上的泡沫

这是我在日本的时候，为大学生做分享时使用的幻灯片。使用这套幻灯片的目的是补充我的简短讲述，但由于话题相对简单，并且每张幻灯片只展示一个关键点，所以就算它们被打印出来，大家也能容易理解（尽管某些重要细节可能丢失）。在这套幻灯片里，我使用了矢量艺术图形，因为它们可以在保证不降低质量的情况下随意调整大小。在背景和文字颜色方面，为了保持视觉上的统一，我使用了矢量素材里的颜色。简约的元素和颜色在整套幻灯片里被重复使用，给人带来一种统一、简约和轻松的感觉。

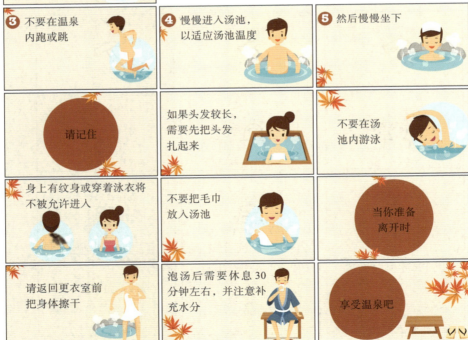

3 不要在温泉内跑或跳

4 慢慢进入汤池，以适应汤池温度

5 然后慢慢坐下

请记住

如果头发较长，需要先把头发扎起来

不要在汤池内游泳

身上有纹身或穿着泳衣将不被允许进入

不要把毛巾放入汤池

当你准备离开时

请返回更衣室前把身体擦干

泡汤后需要休息30分钟左右，并注意补充水分

享受温泉吧

高橋
メソッド

プレゼン
テーションの
一手法

特徴

巨大な
文字

簡潔な
言葉

歴史

PowerPoint
は持ってない

HTML

文字だけ
で勝負

せめて
大きく

利点

4つ

（1）

見やすい

（2）

表現が
簡潔に
なる

（3）

発表
しやすい

高桥法

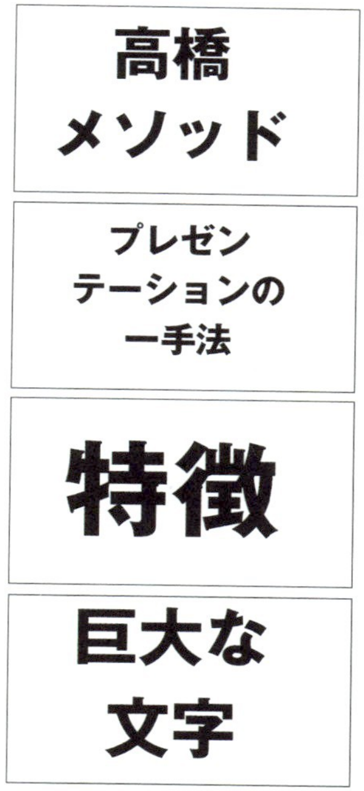

高桥征义

Web 应用程序开发者

　高桥征义是一位程序员，他在日本的技术大会上展示了一种新的演讲方法——在幻灯片中只使用文字。但不是所有类型的文字都行，必须是非常大的文字。每张幻灯片上的文字数量非常少，这样做能让人印象深刻。高桥说，他的幻灯片文案更像是日本报纸的标题，而不是必须认真阅读的长句子。他的幻灯片虽然都是文字，但它们在视觉上可以被快速理解，并能起到辅助演讲的作用。正如他说的那样，如果你的幻灯片上有项目符号列表或长句子，观众可能分神去阅读那些文字，然后错过你正在说的话。

涂鸦者，团结起来！

桑妮·布朗

桑妮·布朗（Sunni Brown）是畅销书作者、视觉思考专家，也是涂鸦革命的领导者。2011 年，TED 的制作人决定在大会中腾出部分时间，用于开展时长为 6 分钟的演讲，而桑妮正是第一批进行 6 分钟 TED 演讲的演讲者之一。实际上，准备这样的短演讲可能没有想象中那么简单。桑妮说："我花了四个月的时间，几乎每天都在精心打磨演讲内容，最后才让内容压缩到 6 分钟以内。"她还说："我在准备有史以来最短演讲的过程中，尝试过几十种不同形式的开头和结尾，以及数不清的各种方法让内容精简，但还有大量的内容需要压缩。"最后，桑妮精心编写了一个简单的故事来阐述她的内容。由于考虑到她的演讲主题，桑妮的幻灯片是在手绘板上，以草图的形式画出来的。

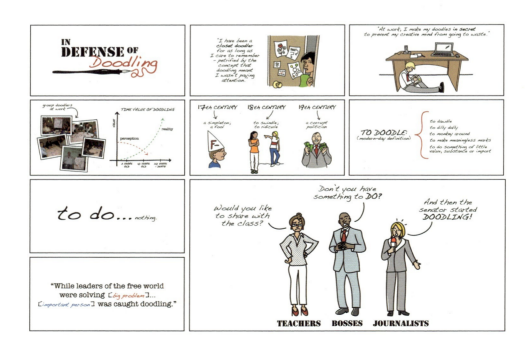

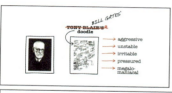

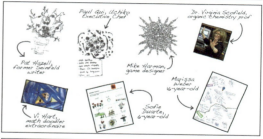

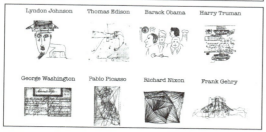

在医学研讨会上，这位医生收获观众的赞赏

安德烈亚斯·伊恩菲尔特（Andreas Eenfeldt）是一位来自瑞典的年轻医生，他热衷于提出不同的观点。我第一次遇见他，是在巴黎的一次演说之禅研讨会上。安德烈亚斯

用知识和经验挑战传统的智慧和观念，并实现了显著的改变，不得不说他在这方面是非常好的榜样。他提出："现在是时候进行健康革命了。"为了推动这个革命，他早就意识到，引人入胜的演讲技巧是传播信息和知识的必备能力。

2011 年，安德烈亚斯在 2011 年的祖先健康研讨会上做了一次令人印象深刻的演讲，成功引起了我的关注。这场演讲有一个合理的流程和框架，并提供了足够的证据支持他的演讲。在演讲中，他分享了自己和朋友的故事，也引用了业内专家的数据和语录来支持他的观点。安德烈亚斯并不是一开始就是这样有吸引力的演讲者，所以我问他："你是如何发生改变的？"他说：

"在医学领域，让人昏昏欲睡的演讲并不罕见，甚至是常态。当然，这是个好消息，因为即使是小小的改进也足以让演讲脱颖而出。2008 年，我开始频繁地做关于低碳水化合物营养的主题演讲。有人给我指出，只是向观众朗读我的幻灯片，这种方式并没有什么效果。我的演讲技巧在那时可能比普通医生的演讲技巧还要糟糕。我开始在谷歌上搜索，观看一些关于这个主题的 YouTube（美国的视频网站）视频。很快我就在演说之禅网站（presentationzen.com）上找到了答案，并且阅读了这个网站上的相关文章和推荐的书。从那时起，我在瑞典用瑞典语演讲了大约 150 场，用英语演讲了 4 场作为锻炼。我只用了三年的时间，就把演讲技巧从一塌糊涂提高到相当不错。所以我非常期待，十年后我的演讲会是怎样的。"

在演讲准备过程中，安德烈亚斯会在白板上使用便利贴进行头脑风暴，然后筛选出最重要的信息点，将它们分组、撰写内容，并以最佳的顺序组织它们。他在一场 45 分钟的演讲中使用了 100 多张幻灯片。

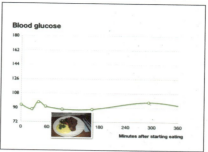

安德烈亚斯在这里分享了一个自己的案例。他在家做了一顿 LCHF（低碳高脂）的晚餐后，测试了他的血糖，如在简洁的图表中清晰显示的那样，他的血糖相当稳定。

然后，安德烈亚斯开始比较他的 LCHF 餐和富含糖分的高碳午餐。讽刺的是，这顿午餐是在斯德哥尔摩的一次肥胖症会议上提供的午餐。尽管这个案例只是他的个人经历，但是他用一个简单直观的故事，引起了观众的共鸣。

何为创新

几年前，我在法国巴黎的一次会议上，遇到了克莱门特·卡扎洛特（Clement Cazalot）。总的来说，他的那场演讲给我留下了深刻的印象，尤其是他的幻灯片视觉效果。虽然这里只展示了其中几张幻灯片，但你可以看到，他所有的幻灯片都是手绘的，这让他的演讲幻灯片在视觉上与众不同。毕竟在那个时候，手绘制作幻灯片是一种非常难得且罕见的技术；就算到今天仍然如此。一般来说，你可以使用手绘板来手绘幻灯片，但是克莱门特是用真正的笔记本白纸黑墨地直接画出来的。画完之后，他在一个图片编辑软件中反转了黑与白的颜色，图片就变成了黑纸白墨的简笔画。

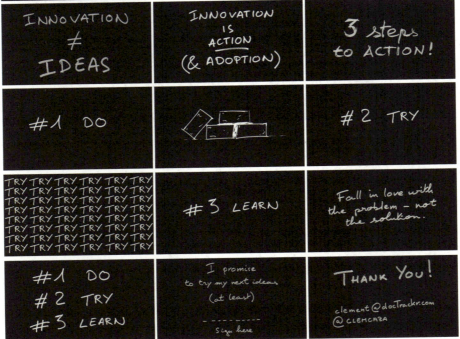

学生演讲在 21 世纪学习环境中的作用

　　最近，我受邀用英语（虽然提供了翻译）向日本的几百名教师做一个关于学生演讲的主题演讲。礼堂的屏幕非常大，宽高比为 16∶9，非常适合用大字体营造电影视觉效果。这里只展示了大约 100 张幻灯片中的前 25 张。

本章要点

优秀的幻灯片视觉效果可以增强演讲者的演讲效果。从设计角度来看，本章中的幻灯片制作起来并不困难。设计者需要的只是一个幻灯片制作软件和图像编辑软件。你的幻灯片或其他设计最终要怎么呈现，其实完全取决于你独特的演讲情景、内容和观众，但请记住以下几点：

◎ 设计简约、清晰且层次分明的幻灯片，并使用图案等元素吸引观众的视线。

◎ 设计时考虑后排的观众，无论观众坐在哪个位置都能看清幻灯片上的所有元素。

◎ 幻灯片可以使用或者自行设计带有一定风格的主题，但避免使用过于传统的模板，以及慎用软件自带的模板。

◎ 可以用有趣的方式使用图片和文字，但一定要协调。

◎ 限制或者避免使用项目符号列表。

◎ 使用高清晰度、高质量的图片。

◎ 可以用动画或者多张幻灯片逐步展示你要讲的复杂内容。

◎ 思考"以最简单的设计达到最大的效果"。

◎ 学会运用留白，让你的幻灯片设计更加简约。

呈现篇

完成这一步了，那就开始下一步吧。

这有那么复杂吗？

——大卫·巴德尔（David Bader）

第 8 章

全身心投入

我们正生活在容易分心和被干扰的时代。当我们面对面与人交流的时候，总是不喜欢对方频繁地看手机，这看起来心不在焉，从某种程度上说明对方的心思早就不在我们这里了。但奇怪的是，我们却已习惯忍受那些没参与到主题中的观众和持续输出的演讲者。对演讲者来说，全身心投入到演讲里是非常重要的。优秀的演讲者在演讲时都能全神贯注、思想集中，全身心投入到与观众的交流中。或许他也有紧急的问题需要去处理，但谁没有呢？但他能把那些问题暂时放在一边，完全投入当下的演讲。因此，当你做演讲的时候，你的大脑不应该被演讲之外的事情困扰，那只会干扰和分散你的注意力。如果一个人想着其他事，这时与他进行真正意义上的交谈是不可能的。同样地，一个人如果无法全身心地投入演讲，想使演讲获得成功也是不可能的。

禅宗的正念，是我们最值得学习的。你或许知道，正念和坐禅冥想有关。但是，禅宗的有趣之处在于它并不与现实世界分离。也就是说，禅宗的正念也可以用在我们的生活中。正念并不是逃避现实。事实上，即使在日常的工作中也可以运用正念。如果你明白个人的行为和判断是来自大脑的自发反馈，你就会很自然地做出判断。因此，与其心里讨厌和排斥洗碗，不如安心坦然地接受洗碗。当你写信时，脑子里就应想着写信；当你做演讲时，脑子里就应想着演讲。

正念关注的是此时此刻，特别是眼前的特定时刻的意识。正念是大家都能运用的方法，但要进入真正的正念状态却不是一件易事。如今我们的生活很繁忙，有各种工作和个人事务需要处理，比如回邮件、发短信、看微博，还有 24 小时的各种资讯轰炸。我们现在要考虑的事情太多，要担忧的事情更多，这恰恰是最糟糕的。因为人们总是对过去耿耿于怀、对未来忧心忡忡。因此，在我们的日常生活和工作中，尤其是在演讲的时候，我们都得时刻缕清大脑的思绪，告诉自己此时只做这件事。

乔布斯与剑道

我在第 5 章提到过，史蒂夫·乔布斯对演讲艺术有一套简单而非凡的理解。他所设计的幻灯片总是那么简单易懂，却又极具魅力和视觉冲击力。另外，他能够熟练且流畅地播放和使用他的幻灯片，以至于有时观众根本察觉不到是他在控制。他的演讲风格像是在聊天，而幻灯片在他的操控下与他的讲述相互配合，效果极好。除此之外，他所做的每一场演讲都建立在稳固的框架和逻辑上，总能给观众一种行云流水的感觉，仿佛他正在带他们去旅行。演讲中的乔布斯友好、自然、自信（这让观众也感到放松），并处处散发出恰到好处的热情和激情。

乔布斯所做的一切看起来多么自然，似乎他很容易就能做到。但如果你认为史蒂夫天生就能自然而然地用自身魅力迷倒观众的话，那你就大错特错了。他的确拥有非凡的魅力，但我认为，借助幻灯片等多媒体手段来做好一场演讲，绝不是一件自然而且容易的事。实际上，乔布斯的演讲之所以能够如此出色，一切还得归功于他和他的团队用心准备与演练。这才是他的幻灯片看起来那么"简单自然"的真正原因。

当乔布斯站上舞台时，他就是一个艺术家。就像其他艺术家一样，通过演讲练习和实践，他的演讲技术也趋于成熟。然而，与受过训练的艺术家一样，在实际的演讲中，他没有考虑技巧或形式，也没有考虑成败。这就好比日本的剑客，一旦剑客执着于成败，在决斗的时候思绪就会分散；哪怕是一瞬间，他的剑术就不能发挥到极致，从而输给对手。这听起来有些似是而非，但是当你在进行某项艺术行为时，如果你思绪不集中、分心思考诸如成败或技术等问题，其实就已经向失败的方向迈步。而乔布斯的演讲艺术再一次告诉我们：想要在演讲中完全抓住观众的心，专注当下、心无旁骛才是你最好的选择。

无心

当剑士习剑时，一旦达到了心境净空的状态（即无心），他就不会产生任何恐惧的情绪，不会思考成败，甚至忘记如何挥剑。铃木大拙（Daisetz T. Suzuki）在《禅与日本文化》（*Zen and Japanese Culture*）中说道："在那一瞬间人和剑都成为无意识的工具，正是这种无心的状态创造出了奇迹。剑道因而成为一门艺术。"

掌握剑道的秘诀，在于剑客要达到"无心"的状态，这是一种"弃而未弃"的境界。简单来说，就是无论你想投入任何一门艺术还是体育比赛，你都必须摒除干扰自身的自我意识，并全身心地投入其中。正如铃木所说："仿佛此刻没有什么特别的事情要发生。"当你进入"无心"的状态，你就能摆脱猜疑、减轻压力，在当下全力以赴、完全投入。不仅是艺术家，连音乐家和训练有素的运动员也一样，都要懂得如何让自己进入"无心"的状态。

乔布斯在做演讲时并非完全没有压力，媒体各界以及苹果公司的员工们都对他的每次演讲寄予了厚望。然而，乔布斯在开始演讲后，似乎能忘记这些外界的压力，只是专注自己接下来的"表演"。他就像那位达到"无心"境界、没有生死之念的剑道大师。记住，人只要让自己冷静下来，就能全身心投入任何事。正如铃木所说："海水总在流动，而月亮却始终宁静。大脑在应对不同情况时会给出不同的反应，但你得始终保持内心的平静。"

不管在什么领域，技巧的训练是非常重要的。除非你达到了一定的心境，否则这些训练总会给人一种刻意为之的感觉。铃木说："除非你能够将自己调整到无心的状态，否则靠后天努力获得的技艺和才能都会显得生硬且无力。"因此，我承认优秀的导师和书籍可以帮助我们掌握和提高演讲方面的技能；但与其他表演艺术一样，我们必须将自己调整到"无心"的状态，清理自己的思绪，方能将技艺植入心中，从而掌握其精髓。

你需要掌握技巧和采取适当的形式，也需要熟悉规则并不断练习与实践。当你在准备阶段时，将自己调整到"无心"的状态；努力将演讲内容内化到我们的大脑及心中，你就可以自然地施展你的演讲技艺，完美地完成每一场演讲更不在话下。

忘我

你有没有在演讲或表演时有过"忘我"的体验？所谓"忘我"是指一个人完全沉浸在此时此刻。在演讲中，忘我的状态就是作为演讲者的你与观众一样，对演讲主题和内容具有深厚的兴趣，让你完全沉醉其中，不受过去和未来的事情影响的状态。你只有在演讲时进入忘我的境界，才算是与观众建立起真正的情感连接。

在《假如你想写作》（*If you Want to write*）一书中，作者布兰达·尤兰（Brenda Ueland）提到"忘我"的重要性。她说："忘我的状态可以让你的创造力最大化，并且对观众产生积极的影响，从而与观众建立连接。"与此同时，在演讲中运用这种创造力并全身心投入，更多是发自内心的，而非知识和智力因素所致。布兰达在书中还将这种创造力和连接比喻为一场精彩的音乐会。

音乐家在演奏乐器（诸如钢琴等）时，都会进入一种忘我的状态。他们的目标不是重复弹奏乐谱上的音符，而是要弹奏出美妙的音乐旋律。简而言之，把自己遗忘在音乐中，而不是将自己与音乐分开。优秀的音乐家总能沉浸在自己的音乐中（就算他们的技术并不总是完美），演讲也是相同的道理，我们应该在那个时刻让自己完全沉浸在演讲中。或许我们的演讲技巧没办法达到完美，但是只要我们能达到"忘我"的境界，就可以与观众建立起真正的联系。

布兰达还说："只有当你真正沉浸在音乐中，人们才开始用心地倾听并为之动容。"

处于"忘我"状态的你，弹奏的音乐是发自内心的、感情饱满的，这并不是掌握演奏才能和遵循音乐规则（音符、乐谱）就能做到的。观众被音乐打动，是因为艺术家也被他自己的音乐感动了。这对于演讲是同样的道理，你的演讲会因为你的准备充分和逻辑严谨而令人信服；同时，观众也会因为你全程投入的热情演讲而备受感染。因此，你必须完全相信你的演讲内容，连自己都不相信的内容，观众也不会相信。相信自己、"忘我"演讲，这是成为优秀演讲者必须要做到的。

"海水总在流动，而月亮却始终宁静。大脑在应对不同情况时会给出不同的反应，但你得始终保持内心的平静。"

——铃木大拙（Daisetz T. Suzuki）

从柔道中领悟

有时候在一些意想不到的地方，你也可以找到实用的演讲建议和方法。比如以下 5 条原则。

（1）仔细观察自身和他人，以及各自的处境。

（2）尽全力获取主动权。

（3）思考充分，行动果断。

（4）把握结束的时机。

（5）坚守中央的位置。

这 5 条原则是充满智慧的，但它们并不是有关演讲设计的基本原则。实际上，这几条是约翰·史蒂文斯（John Stevens）在《日本武道秘籍》（*Budo Secrets*）中概述的"柔道的 5 条原则"，而这五条原则最初是由柔道创始人嘉纳治五郎 (Jigoro Kano) 提出的。然而，我们不难发现，这些原则在演讲和幻灯片设计中也是适用的。比如，如果演讲者懂得运用第 4 条原则"把握结束的时机"，某些场合的演讲就能做得更好。有些时候，演讲时长可能跟预期的不一样，这时就需要遵循第 1 条原则——细心观察自己和观众的情况，并及时做出调整与决策。当然，这些只是最简单的例子。

嘉纳治五郎在 19 世纪末创立了柔道。尽管柔道与禅宗并没有直接的联系，但很多人认为柔道是禅宗理念的一种伟大的表达。我对那些致力于柔道的人敬佩不已。柔道不仅是一项体育活动，对那些练习柔道的人来说，他们从中获得的教训、智慧和经验，在生活的方方面面都对他们有深远的帮助。

关于柔道的秘诀，冈崎秀一郎（H. Seichiro Okazaki）曾说道："只有通过培养包容开放的心态、摒弃传统的固化思维，我们才能避免盲从，自发地对周围环境做出反应与决策。"这个观点不仅适用于柔道。回想一下你最后一次有挑战性的演讲，它可能并没有像你期待的那样顺利，遇到的困难也很多。在面临具有挑战性的问题时，你能否"自发且自然地做出反应，而不是盲目地拒绝面对"。就我个人的经验而言，当一个带着怀疑、猜忌甚至恶意的观众向我提问难题时，自然、友善的回答往往比恼羞成怒更加有效。你要知道，针锋相对很容易，但这通常会毁了你的演讲。

高压下的演讲

有时，你可能会遇到一些怀着敌意的客户或者观众，比起演讲内容，他们可能更感兴趣的是让你出丑，或者搅乱你的演讲，因而故意刁难你。这种情况在现实中很常见，但关键要记住，他们永远不是敌人。如果真有敌人的话，那便是我们自身。即使有观众故意选择扮演你的对手，你的恼火或愤怒的表现，肯定对你或者观众没有任何好处，毕竟他们中 99% 的人可能都支持你的观点。

在柔道的世界里，对于如何与对手打交道，嘉纳治五郎有这样的说法："让步于对手的强势之处，适应并利用它，最终将其转化成你自己的优势，这样就能够战胜对手。"

说到这里，我想起多年前做的一场演讲。那场演讲总体来说进行得非常顺利，但是有一位观众总喜欢说一些无关紧要的话打断我，以至于对观众造成了干扰。说实话，我有足够的理由生气，但最终我忍住并完成了演讲。在这期间，我甚至能感觉到，其余观众都以为如果他再次打断我，我就会当场痛斥他。我相信，就算我当时真的大发雷霆，观众也不会责怪我。但我当时仍然对那个人保持礼貌和尊重，没有表现出任何愤怒，也没有因为他的打断而影响到演讲的效果。在演讲结束后，有好几位观众称赞我对那个打断者的处理方式。讽刺的是，那位挑刺的观众虽然企图破坏我的演讲，但实际上起到了相反的作用。如果我当时着了他的道，对他大发雷霆，恐怕只会让事情变得更糟。而我当时克制住了自己，顶住压力继续完成演讲，因此赢得了其他观众的尊重与称赞。

贡献与专注

每一次演讲都是一次表演。本杰明·赞德（Benjamin Zander）对表演艺术了如指掌。众所周知，他是波士顿爱乐乐团的著名指挥家，但你可能不知道他也是当今才华横溢的演讲家之一。他的演讲非常激励人心、内容充实，并且他还愿意把业余时间用来为公司和组织开展领导力和企业变革发展方面的主题演讲。

2007 年的春天，当时我正和丹·平克一同乘火车回大阪市中心，他向我推荐了本杰明·赞德，并这样评价他："虽然有很多好的演讲者，但本杰明·赞德实在是独树一帜。"因此，就在那天，我买了罗莎蒙德·斯通·赞德（Rosamund Stone Zander）和本杰明写的《可能性的艺术：改变生活和事业的十二项实践》（*The Art of Possibility: Transforming Professional and Personal Life*），阅读后深受启发。本杰明作为演讲者，他在书中的建议给我带来了久违的启迪。凑巧的是，在下个月的某天，我在一家 500 强公司里做演讲时，惊讶地发现在座每位观众都对赞德夫妇的理论非常熟悉。由此可见，他们的影响力非同小可。

以下是本杰明的其中一个建议。虽然他谈论的是音乐方面的问题，但同样可以应用到我们大部分的演讲中。他建议：

"站在台上的这一刻，是最关键的时刻。我们要有所贡献，因为这是我们的职责。不是为了给观众留下深刻印象，更不是为了得到下一份更好的工作，我们只是为人们做出贡献。"

表演成功与否并不是最重要的，观众更看重的是表演者是否有所贡献，以及能否全身心投入表演。与其问自己"我会受欢迎吗？"或"我能赢得他们的喜爱吗？"等类似问题，不如问："我能为他们做出怎样的贡献？"本杰明在教导一位有才华的年轻音乐家时说："我们要贡献自己，这是我们的本质……在场的每个人都会明白，是你让他们感受到热情，并为他们做出贡献。你不必在乎你的演奏是否比下一位小提琴手或钢琴家好，只要你怀着贡献之心，全程投入音乐，你就是最棒的！"

赞德夫妇的书中还说："与其不断拿你自己与他人作比较，担心你是否适合做演讲，顾虑是不是别人来讲会更好；还不如告诉自己，从站在台上的这一刻开始，你就是观众的'礼物'，你要做的就是把你的思想和知识贡献给他们。"情况就是这么简单：此刻的你，就是最棒的。

当然，并非每一场演讲都与贡献有关，但大多数都是如此。事实上，我认为我曾经做过的演讲都在某种程度上为观众做出过贡献。当然，当你被要求与一群人分享你的专业知识，而他们中的大多数并不是你所在领域的专家，此时你必须非常认真地思考：对他们来说，什么是重要的，什么是无关紧要的。反复做同一场演讲当然会越来越简单，再高深的专业知识都能轻松驾驭；但是你的目的不是要让观众惊讶你知识渊博，而是真正与他们分享一些有持久价值和意义的思想和知识。

激情与冒险

在大多数情况下，尤其是对日本人来说，犯错会被视为最忌讳的事情。本杰明认为，对音乐家来说，过于关心竞争和与他人做比较是一件很危险的事情，因为这会使他们不敢冒险尝试和自我提升，从而失去成为优秀表演者的机会。你只有通过犯错才能看到自己的不足，才会知道自己应该在哪方面进行提升。我们都讨厌错误，所以我们更倾向于保守稳妥的做法。然而从长远来看，如果你把事情做到极致，那么没有什么比保守稳健更危险。本杰明建议，不要因为一两次的错误而感到沮丧，相反，我们应该大声地欢呼，举起双手大喊："太棒了！如果你总是担心犯错、害怕失败，是不可能全神贯注做好任何一件事的。"

本杰明说："音乐家只是读懂乐谱或者毫无错误地演奏出来是远远不够的，他们必须在情感上向观众传达音乐的深刻内涵。"当音乐家全身心投入到音乐演奏中、富有情感地用心演绎时，观众必然会被打动。这不是用语言能表达出来的。本杰明还发现：一旦演奏者融入音乐，他们的全身仿佛流淌着跳动的音符，并且他们会随着这些音符一起摇摆，躯体仿佛受到控制一般。一位杰出的演奏者或表演者，但凡完全融入和沉浸在表演中，他们会不自觉地舞动起来，从而与观众建立起情感上的联系。千万不要克制这种情感，释放内心的能量和激情吧！

当然，你可以选择保守，正襟危坐地演奏和表演。或者你可以说："管他三七二十一呢！我要冒险一次！"然后，尽情地将情感、色彩和力量注入音乐。如果用心演绎音乐，与观众建立情感沟通，从而改变自己。

爵士钢琴家约翰·哈纳根博士在日本大阪一家受欢迎的爵士俱乐部里演奏时，完全投入演奏（照片由尼古拉斯·帕佩佐治拍摄）。

放轻松吧！

本杰明常说："凡事轻松一点，你会让你周围的人也变得轻松。这并不是鼓励你对待自己和工作马虎了事（实际上你要认真对待）；相反，放松是为了更好地超越自我。也许没有什么比幽默更能让我们放轻松的了。"

哲学家罗莎蒙德·斯通·赞德说我们生来就被条条框框束缚，并且时刻担心自己是否缺少关爱、缺乏食物等，这看似就是我们所处的。她把这种现象称为"思虑过度"。在感情匮乏、竞争激烈、攀比日盛的环境下，人们不得不考虑过多的事情，太把自己当回事。无论你多成功、多自信，你的"思虑过度"（总爱攀比，又总怕比不上别人）都是脆弱不堪的，会让你总感觉随时可能失去一切。

所以我们要克服"思虑过度"，摆脱那个充满焦虑和恐惧的自我，找寻更健康的生活态度，以及一个富足、完整、充满机会的世界。让自己幽默一些、放松下来，这样才能进一步突破自我，让自己看到"世界和自身的创造性"。当你认识到个人始终无法控制世界，以及无法把你的意志强加给他人的时候，你便迈出了"超越自我"的第一步。

罗莎蒙德说："当你学会放松心情时，你会发现自己变得更加坚强，凡事也能更得心应手，而且乐于接受未知事物、新思潮和其他的想法。与其在人生的河流中苦苦挣扎，不如顺其自然，和谐优雅地融入其中。幽默是一种奇妙的方式，它时刻提醒着每一个人要放松下来。不管面对什么事情，我们的内心并不渴望那些幼稚的需求、权利或算计；相反，我们是有信心、能帮助他人甚至能够启迪他人的人。从这种意义上来说，你的每一次演讲，都是展现自己积极一面的绝佳机会。

本章要点

◎ 就像面对面聊天一样，演讲需要你在此时此地全神贯注。

◎ 要像剑道大师一样，你必须完全沉浸在当下，不去考虑过去与未来、胜利与失败。

◎ 谁都可能会犯错，但不要纠结于过去或未来的错误。专注此刻，与你面前的观众好好交流。

◎ 充分的准备和练习，能让你的演讲看起来轻松自然。随着练习的次数增加，你就会变得更加自信，观众也容易看到。

◎ 虽然你必须做好计划，但完全投入演讲也需要你保持灵敏和高度的警觉，灵活应对可能出现的计划以外的情况。我们的目标不一定是展开一场完美的演讲，而是在那一刻为观众做出最真诚的贡献。

第 9 章

搭建沟通的桥梁

我学习的大部分关于与人沟通方面的知识，并非是我在学校的演讲和交流课程中学到的。而是我多年来作为表演者和观察他人表演所积累的经验。我 17 岁就开始在各种爵士乐团中担任鼓手，赚取大学学费。抛开演奏上的问题，我见过的每一场伟大的现场演奏，表演者和观众之间都有一条看不见的纽带，牢牢地将他们维系在一起。

演奏音乐是一种表演，在某种程度上，也是一种演讲。而一场好的演讲，其实也像一场好的音乐会，两者都是用真诚的态度与观众分享情感、建立交流桥梁的过程。

在高水平的音乐会上，我从演奏的音乐家身上学到：向观众传达音乐和自己的情感，以及与观众建立联系的能力是至关重要的。如果这两点做得好，那么萦绕在音乐会中的远不止动听的音符。因为真正的演奏，不是单纯弹奏音乐和聆听音乐的行为过程，而是能让音乐家和观众产生情感层面的共鸣。在这样的音乐里，没有政治的纷争，也没有人与人之间的隔阂。所以，不管你的音乐是否打动观众，最重要的是你是否怀着真诚、热情的心去演奏。当你看到观众微笑、点头，以及跟着旋律轻轻跺脚，那就说明你已经与观众建立起情感的联系。而这种联系，比面对面交流要更加美妙。

音乐演奏和演讲的本质其实是一样的。无论是音乐家还是演讲者，都需要跟观众建立起沟通的桥梁，拉近彼此的距离。这座桥梁要是搭不起来，对话和交流也就无从下手。无论你是要分享新的产品技术或者医疗方法，还是要在美国卡耐基音乐厅里演奏，你要做的都是向观众敞开心扉、真诚沟通并建立联系。

总之，你要记住这一点：演讲重要的不是作为演讲者的我们，而是观众，以及传递给他们的信息。

爵士乐、禅宗与沟通的艺术

如果我可以向你解释清楚禅宗的意义，那它就不是真正的禅宗。这个道理同样适用于爵士乐。当然，我们可以谈论它们或者给它们贴上标签。通过讨论，我们尝试探寻它们真正的含义，而这些讨论是有趣的、有益的，甚至是具有启迪意义的。但是，谈论一样事物并不代表真正的体验或经历。禅宗关注的是事物本身，以及事物此时此刻的状态。爵士乐的精髓也是如此，它要求人们注重当下。不矫揉造作、不虚情假意，也不在这一刻希望自己身处异地或与他人为伴。

爵士乐有许多种表现形式，如果你希望能与这门艺术的本质更接近一些，那么你可以听听 1959 年由迈尔斯·戴维斯（Miles Davis）发行的专辑《泛蓝调调》（*Kind of Blue*）。这张经典专辑的封面文案是传奇人物比尔·埃文斯（Bill Evans）写的，他在此专辑中担任钢琴伴奏。在文案中，比尔提到与禅宗有相似意境的一门艺术——水墨画。

我总是认为这张唱片存在着某种美学，向我们传达着克制、简约和自然的真谛。而这些正是演说之禅的精髓所在。当你沉浸于音乐时，听到的是自由而有序的自发演奏，这种看似矛盾的思想在研究了禅宗或者爵士乐后便可真正领悟。自由而有序的自发性正是我们希望自己在演讲时与观众相处的状态。

你可以将爵士乐的精神融入你的演讲，与观众建立更和谐的联系。这里的"爵士乐精神"（spirit of jazz）与人们通常说的"爵士舞起来"（jazz it up）刚好相反，后者的意思是指给事物加点装饰，做做表面文章。而"爵士乐精神"展现的是真诚的意图。如果你做到了目标端正、信息清晰，那么你就尽力了。爵士乐意味着去除所有的干扰，使观众能够感受你最真实的表情（信息、故事、重点）。虽然最简单的方法就是直截了当地呈现，但你不必每次都如此。暗示和提醒同样具有强大的作用。不同的是，有意图的暗示和提醒是针对性的，能够刺激观众用大脑思考；而没有目的或不真诚的提示可能让演讲变得过于简化、漫无边际，甚至令人迷茫。

爵士乐通过简约的表达和真诚达到化繁为简的效果，它有结构和规则，同时有更多的自由。总而言之，爵士乐是自然的，不会展露精于人情世故或古板守旧的态度。事实上，幽默感和娱乐性同样是爵士乐的精髓。你也许是一位认真且严肃的音乐人或者具有欣赏能力的粉丝，但是无论你属于哪种，娱乐对我们以及创作过程来说，是始终存在的元素。人们在被灌输了正规的教育后会开始怀疑娱乐的"严肃性"。倘若如此，那就意味着我们开始逐渐失去自我，包括我们的自信和人性。我通过把爵士乐和禅宗进行对比发现，两者从本质上都具有结构性，需要不断操练提升，而且娱乐和欢笑都是不可或缺的元素。在我们的演讲中所需要的也正是这些元素。

不完美

做人就意味着不完美。现在的计算机可以生成动听的音乐，而且与音乐家创作的别无二致。而录音棚早就能除去音乐家录音中的细微瑕疵。然而，一场现场演奏的伟大之处，并不在于完美的音乐，而在于音乐家和观众之间的情感联系。

前涅槃乐队鼓手，现 Foo Fighters 乐队的创始人、主唱和吉他手戴夫·格罗尔（Dave Grohl），他的乐队到目前为止已经获得 11 个格莱美奖。格罗尔经常谈到："好音乐中的不完美人性元素是有关键性作用的。"这句话不仅适用于音乐表演，对公开演讲和展示等其他艺术也同样适用。以下是他在 2012 年获得最佳摇滚表演格莱美奖时所说的感言：

"对我来说，这个奖项意义重大，因为它表明制作音乐的人性元素是最重要的。对着麦克风歌唱、学习弹奏一种乐器、提升你的音乐技艺，这些是对人们来说最重要的事情……但这不是要你做到完美，不是要你的音准绝对正确，也不是要你用电脑来创作。而是希望你能用最真诚的心和清晰的大脑，去创造这一切。"

后来，格罗尔在新闻发布会上澄清了他的观点，他并不反对音乐数字化；他的观点是：音乐就是一种不完美的人性元素。格罗尔说："当一首歌稍微加快，或者一个声音稍微尖锐的时候，这种变化使得音乐听起来像人创造的东西。但不知道从何时起，这些'变化'变成了'不好'的事情；而随着数字录音技术的巨大进步，这些问题很容易得到'修复'。最后的结果是什么呢？在我看来，现在很多音乐听起来完美，但缺乏最重要的个性。而个性，才是让音乐变得如此令人兴奋的原因。"从某种意义上说，人们并不是因为音乐的完美而被吸引，而是因为音乐的不完美。人们被你和你的个性吸引，不是因为你完美，而是因为你不完美。

所有这些关于不完美的观点，并不是让你随意做事，或者对待演讲敷衍了事。面对任何事情，我们都要做好充分的准备，尽力做到最好，同时也要清楚认识到，真正的完美是无法达到的。但如果我们努力追求我们称为完美的东西，或许我们会变得更优秀。萨尔瓦多·达利（Salvador Dali）曾经说过："不需要害怕完美，因为你永远无法达到。"

没错，我们无法达到完美，但是通过朝着它的方向努力，我们就能达到更高的水平，给观众分享更有价值的信息和观点。知道完美实际上无法实现的好处是能够让我们稍微放松一下，这有助于我们专注当下，使我们能够与观众建立起更接近完美但真实的人性联系。

开门见山

为了能与观众建立沟通关系，应在演讲的最开始就吸引他们的注意力。《领导者演讲力》（*The Articulate Executive*）的作者格兰维尔·涂古德（Granville N.Toogood）同样强调了迅速且有力的开场的重要性。他说："要确保走对第一步，快速直接切入主题。"我经常教导人们，不要在演讲一开始浪费太多的时间进行冗长的介绍，或者讲一些与主题无关的话。开场是演讲最重要的部分。你需要设计一个能够立刻抓住观众注意力的开场，使他们投入到你的演讲中。如果你没能在一开始就捕获他们的注意力，后面的演讲很可能事倍功半。

首因效应表明：在演讲中，给人留下最深印象的是开头部分。在演讲开始就与观众建立沟通关系的方法有很多，我在 *The Naked Presenter* 一书中曾做过介绍，包括个性化（personal）、意想不到（unexpected）、新奇有趣（novel）、挑战权威（challenging）和诙谐幽默（humorous）。有趣的是，这些要素的英文首字母共同构成了"出击"一词（PUNCH），即"出击式"的开场，倒也便于记忆。出色的演讲至少具备这些要素中的一个或多个。让我们一起来深入了解一下"出击"吧。

个性化

让演讲的开场更具个性，但它并不代表你要做一个冗长的自我介绍，或者解释开展演讲的原因。其实讲一个发生在自己身上的故事就可以起到很好的效果，只要它寓意深刻、与主题相关、能够引出你的演讲内容即可。

意想不到

展示一些意想不到的事情。比如，展示一个与传统印象相违背的数据，或者讲一个与主题完全相反的故事；这种小小的"惊喜"，足以引起他们的注意，并激发他们的好奇心。这种方法能让观众的思维更加灵敏，从而集中注意力。管理大师汤姆·彼得斯说："意想不到的惊喜非常重要，比如讲一些不为人所知或者违反直觉的事件。如果你不能给观众带来惊喜，那就没有做演讲的必要了。"

新奇有趣

你可以讲述或展示一些奇妙和新颖的事物，以此勾起观众的兴致。例如，展示一张珍贵罕见的照片，讲述一段鲜为人知的故事，或者公布一项最新研究结果。台下的观众都是天生的探索者，他们对新的、未知的事物具有浓厚的兴趣，但对某些人来说可能是一种威胁。但是，假设我们的环境是安全的，并且缺乏足够的新奇感，那么展示奇妙和新颖的事物将给观众带来新奇感，并对接下来的演讲起到积极的作用。

挑战权威

挑战传统的观念或者观众的假设，也是一个实用的开场方法。当然，你也可以挑战观众的想象力，比如你可以说："如果我们能够在两个小时内从纽约飞抵东京，你觉得如何？不可能吗？实际上，已有专家声称这种可能性存在。"提出一些充满挑战性的问题让观众质疑传统的观念和想法，促使他们思考。许多演讲之所以不成功，原因是它只是将信息从演讲者传递给观众，却没有让观众积极地参与到演讲中。

诙谐幽默

用幽默逗观众笑，调动他们的情绪。笑声能带来许多好处。观众哄堂大笑说明他们互相之间以及与演讲者之间已经建立起一种联系，从而活跃了演讲现场的气氛。笑声可以产生一种使全身感到放松的物质，有时甚至可以改变一个人的看法。有句话说得好，要知道观众听没听懂演讲，看他们笑没笑就知道了。这句话是对的，但即使笑了也未必一定就是领会了你要表达的意思。要注意，你的幽默要紧贴主题，自然地融入演讲，而不能起到分散观众注意力和偏离话题的负面作用。

演讲者往往会以一个蹩脚的笑话作为演讲的开场。有人认为，在演讲中使用幽默并不是一种好的方法。但我在这里谈论的不是如何讲笑话。相反，那些与演讲要点相关的、并能引出话题和确立主题的尖锐讽刺、名人逸事或幽默小故事才是应有的演讲开场。

演讲的开场有很多种，但是无论采用何种方法，千万不要浪费了演讲正式开始前与观众"热身"的那两三分钟时间。演讲的开场十分重要，因此我们要做到"先声夺人"。上述的"出击五式"并不是所有的方法，但如果你能在开场中至少运用其中的一种，那么你的演讲就会事半功倍，与观众的沟通就能更加顺畅。

蜜月期

吸引和保持观众的注意力可能是一件非常棘手的事。一般来说，观众希望你的演讲能成功，但他们只会留一两分钟的"蜜月期"让你有机会给他们留下好印象。即使是著名且有经验的演讲者，包括名人，如果他们不能在一分钟内给观众留下好印象，并吸引他们的注意，观众也会产生厌倦感。你没有任何理由能够为你的失败开场开脱。如果你的表现在开始时就让自己失望，你也不能停止演讲。演艺行业有一句话："演出必须继续。"人们在最初的几分钟里就能对你和演讲形成印象，你也不想在一开始就给观众留下手忙脚乱的印象。

不以道歉来开场

不要以道歉来开场，也不要暗示你没有为演讲和观众做好充足的准备。虽然你可能真的没有做好准备，并且你的道歉也的确是真诚的（而不仅仅是一个借口），但这对观众来说这可不会产生什么好印象。观众不知道我们没有按计划那样准备充足，所以为什么要提起这件事，并让他们有这样的印象呢？更糟糕的是，实际上你准备得很充分，但就是你开场这么一道歉，就算你的演讲表现得很好，但观众总会想着："唉，他说得对——他的确没准备好。"而且告诉观众你紧张的情况也是一样的道理，观众们会说："你的演讲看起来挺好的，但是现在既然你自己说你很紧张……"

承认你紧张可能会让你看起来更真诚，但这显得你过于关注自己；此时此刻你应该关注观众以及他们的需求和感受。承认自己紧张或许能给自己一些安慰，但其实并不会让观众感觉更好，甚至会让观众觉得你不够专业。相对于压抑住紧张的情绪，向观众说明也许会让你感觉更安心，这也是人们常说的"大声说出来确实会让你好受一些"。然而，在演讲时，我们应该关注的是观众的感受，告诉他们你有多紧张并不会给他们带来任何价值。如果你真的紧张，自己知道就行，不需要与观众分享这种心情。

不需要展示演讲的结构

一般情况下，除非你正在主持一个时间很长的研讨会，否则你不需要展示你演讲的结构（你可以理解为目录）。但请记住，在演讲准备阶段，你需要根据一个简单的结构来设计你的演讲和幻灯片。观众不需要知道你的演讲结构，但是没有它，你就无法为演讲撰写引人入胜的内容，从而一步一步带领观众进入你的演讲世界。

展现自我

在与观众建立联系时，不能太胆怯，你必须大胆地展示自己。在演讲中，除了考虑展示内容，还有三个方面可以评估展示自我的能力，它们分别是：着装打扮、走动的方式以及讲话的方式。观众正是基于这三方面来判断演讲者的形象以及演讲中传递信息的有效性的。这三方面影响你是否能与观众建立有效的联系。

注意着装

你的着装很重要，至少要比观众穿得稍微正式一些。适合公司以及演讲场合的着装具有重要意义，就算过于正式也不用担心，因为总比随意穿着要得体。通过正式的着装，可以展示出你专业的一面，但有时候也要根据场景来调整，以免与你的观众相脱离。比如在硅谷，每个人的着装风格可以说是相当随意。当我们偶尔看到穿着商务套装的人时，我们就知道他们是从外地来的。然而，就算是穿着牛仔裤的人，如果他正穿着精心打理过且干净整洁的衬衫和皮鞋，也可以给人一种专业的感觉。在东京，不管在什么场合，也无论是男士还是女士，身穿黑色的西服几乎就是他们的日常着装。有需要的时候，你可以脱掉外套、解开领带、卷起衣袖，降低你着装的正式程度；但相反，想让过于休闲的着装变得正式就很难。所以，为了保险起见，为了尊重你的听众，演讲的时候尽量穿得正式和专业一些。

有目的地走动

如果有条件的话，避免在整个演讲过程中都站在一个位置。最好的方式是在舞台或房间的不同位置多走动，这样可以与更多的观众交流。然而，这不意味着你可以毫无目的地在屏幕附近来回踱步或闲逛。这种无意义的走动只会让人分心，反而会显得你非常紧张，而且不够自信。当你从一个位置走到另一个位置时，步伐尽量放慢，而且身体要保持挺直。你可以在一个位置停下来阐述你的观点，然后慢慢地移动到舞台的另一个位置，再停下来提出另一个观点。如果有观众从房间的另一侧向你提问，这个时候你可以一边聆听他们的问题，一边慢慢地朝他们的方向走去，表示已经注意到他们。当你站在某个位置上讲述观点的时候，你的双脚应该分开到大约肩宽的距离，然后放松自然地站着。千万不要像西部牛仔拔枪的姿势那样站立，也不要像站立敬礼一样双脚并拢。因为这些站姿会表现出一种封闭、防御或迟疑的感觉。双腿交叉的站姿更不可取，这是我们在放松时的不自然站立方式，这让你显得过于随意且不可靠。如果你在舞台上交叉双脚站立，只会比你靠在讲台上站立演讲更加糟糕。站姿没做好的话，观众会认为你不尊重他们，因而对你和你的演讲产生反感。

在大多数情况下，我们紧张时会加快动作的速度，包括手上的姿势。因此，为了表现出一个更加沉着、放松和自然的形象，我们需要时刻提醒自己把速度放慢。

面向观众

即使你背对屏幕，幻灯片在你的身后播放，在演讲时也没有必要回过头去看幻灯片。当你需要面朝屏幕做手势的时候，尽量保持身体不动面对着观众，这样能保证在看一眼屏幕后就能很自然地把头转回来。稍微转过身对着屏幕上重要的内容做些手势也是可以接受的。但是，仅仅为了提醒自己而不停地看身后的屏幕是没有必要的，那样只会干扰观众。除了在极少数情况下，当你使用笔记本电脑来投影幻灯片时，将它放在前方较低的位置，这样也就不需转过身看幻灯片。

眼神交流

　　演讲时面朝观众的意义在于与观众进行眼神交流。保持自然的眼神交流很重要，这也是我反对阅读讲义或者依赖笔记的原因。因为那样你根本无法再去看观众的眼睛。在演讲时，你的眼神应该是自然和真诚的，需要与观众进行实实在在的眼神交流，而不是看着房间的后排或者其他角落；观众一旦发现与你没有眼神交流，你们之间的联系就会削弱。

　　如果观众人数少于 50 名，你甚至可以在演讲中随着走动与每一名观众都进行至少一次的眼神交流。而对于观众人数较多的比较典型的主题演讲，我们仍然需要挑选一些观众作为眼神交流的对象（哪怕是坐在最后一排的观众）。当你看着某位观众的眼睛时，他身边的其他观众会感觉你也在看他们。专业歌手在举行大型演唱会时就经常使用这种技巧。但要注意，不要在整个房间里扫视或者很快地瞥一眼某位观众，而是要与坐在不同位置的某个观众进行实实在在的眼神交流。

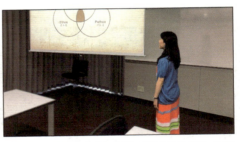

前两张图片展示了演讲者没做好眼神交流的情况。不够熟练的演讲者经常犯的两个错误：（1）整个演讲过程都躲在电脑后面，眼睛只看着电脑屏幕；（2）靠近屏幕的时候，眼睛始终看着幻灯片，完全不面向观众。左下角的例子就好很多，观众在看幻灯片的时候，也能观察到演讲者的眼神和表情，这样演讲者就能与观众建立更好的联系。

当你指向幻灯片中的某个元素时，稍微转头看屏幕是没问题的，但仍要确保你的身体整体朝向观众。

接着，保持你的手继续指向某个元素的同时，你的目光要从幻灯片上离开，重新与观众建立眼神交流。

因为你的身体整体还是朝向观众的，所以当你放下手时，你整个人仍然是自然地面向观众的。

低头看手机，几乎已经成为"心不在焉"的代名词。一般情况下，演讲者不喜欢自己正在演讲的时候，看见观众们频繁地看手机。对观众来说，演讲者在台上频繁看手机也是十分令人反感的。可能有些时候，我们有必要看在手机上做的笔记，但我们应该尽可能地避免这种情况。实际上，手机的小屏幕，让快速查阅资料变得困难，甚至还不如打印出来的纸质资料方便。也许我已经跟不上时代，但我问了大约 100 位大学生，其中绝大多数都说他们不喜欢看到演讲者在演讲时用手机查阅笔记。

声音洪亮

　　优秀的幻灯片演讲与日常的对话有着许多的相似之处。但是，喝着咖啡和三五知己谈话，跟午饭后给 500 名观众做演讲之间存在着很大的区别。虽然对话和演讲都是以交谈式的语气进行，但后者对声音的要求显然更高。如果你满怀热情，那么这种能量会使你的声音变得更加洪亮。在演讲时轻声细语是绝对不被允许的，但也没有必要扯着嗓子喊。大喊大叫的力量并不能持久，还会令观众感到不快。虽然大喊时音量确实提高了，但是声音的层次和抑扬顿挫也一并丢失了。因此，在演讲时要做到人站直、声音洪亮、口齿清楚，并且避免大声叫喊。

演讲时要使用麦克风吗？一般在教室或者会议室大小的地方，做 10～30 人的演讲没有太大必要使用麦克风，但在其他情况下则有必要使用。请记住，在演讲时，你考虑和关注的不是你自己，而是台下的观众；使用麦克风能够使观众更加容易和清晰地听见你的声音。很多演讲者，特别是男性，不愿意使用麦克风，而是选择提高嗓门说话。仿佛拒绝使用麦克风并选择大喊更显得有男子气概和果断。但除非你是一位主教练，正在为你的足球队做鼓舞人心的半场演讲，否则大喊是个非常糟糕的主意。请记住，你并非在对你的队员发表演讲，而是试图以自然、对话的方式进行演讲。麦克风并非连接的障碍，实际上，它是推动演讲者与观众进行更紧密交流的良好工具，因为它能让你以最真实和最吸引人的声音来陈述你的观点。

在进行简短的演讲和召开会议时，使用手持麦克风是没问题的。而更好的选择是无线领夹式麦克风，即人们常说的"小蜜蜂"。它的优点是可以释放出一只手，尤其是当你的另一只手需要拿着遥控器的时候。但缺点也很明显，如果你把头转向一侧，领夹式麦克风的收音效果可能会大打折扣。如果可以的话，最好选用无线头戴式麦克风（耳麦），诸如 TED 大会之类的大型活动就是用这种类型的麦克风。这种无线麦克风的收音装置一般就在嘴边或脸颊，台下的观众几乎看不见。这种麦克风除了能消除衬衫发出的嘈杂声音，还有就是无论你如何转动头部，麦克风都保持在同一位置，总能清晰地捕捉到你的声音。

2018 年，TEDxKyoto 的创始人兼执行制片人杰伊·克拉法克教授（Jay Klaphake）在 TED 大会上发表了演讲。他戴着几乎看不见的无线耳麦，收音效果非常好，并且丝毫不会限制他的行动。照片由尼尔·墨菲拍摄。

避免朗读幻灯片

沟通专家伯特·德克尔（Bert Decker）建议演讲者尽可能避免朗读式演讲。在他的书《相信别人能懂你》（*You've Got to Be Believed to Be Heard*）中，他提到："在台上朗读是一件非常枯燥的事情。更糟的是，朗读式演讲只会让演讲者看起来不够真诚和缺乏热情。"这对幻灯片演讲也适用。很多年前，当时幻灯片的典型用法是演讲者直接朗读他们身后幻灯片上的文字，而这种情况在今天仍在发生。千万不要这样做。在幻灯片上放很多文字，一字一句去念，这只会让你与观众的距离越来越疏离。

风险投资者、苹果公司前首席宣传官（chief evangelist）盖伊·川崎鼓励人们在幻灯片上使用观众能够看清楚的大字号文字，他说："这样演讲者就必须真正了解演讲内容，然后在每张幻灯片上插入几个核心文字。"2006 年，在一屋子硅谷企业家面前，川崎先生在谈到演讲中对朗读稿子的做法直言不讳：

"如果你需要在幻灯片上放入 8 号或者 10 号大小的字，说明你不熟悉你的演讲内容。如果你开始朗读幻灯片上的文字，那也只能说明你根本不了解你的演讲内容。观众很快就会察觉到这一点，他们会自言自语地说：'你看，这个笨蛋又在念他的幻灯片了。那还不如我自己看，我看的速度可比他念得快多了。'"

盖伊的这段话令人忍俊不禁，但他说的没错。如果你准备朗读幻灯片的话，倒不如现在就取消演讲；因为在那种情况下再与观众建立联系、说服观众或教授他们新知识都是白费的。在很多情况下，朗读幻灯片的做法是一种催眠观众们的好办法。

如果你的想法值得传播……

每年的 TED（技术、娱乐、设计）大会，都聚集了世界上最出色的思想家和实干家，他们逐个被邀请到台上做一场不超过 18 分钟的幻灯片演讲。由于只有短短的 18 分钟，他们的演讲都非常简约、紧凑和聚焦。如果你也有不错的想法，完全可以登台演讲，与大家分享你的观点。从那些在 TED 大会上做过演讲的人身上可以看出，现场幻灯片演讲这门技能对现代人有着非同一般的重要意义。

TED 组织的优秀之处在于，他们从不吝惜向外界公开所有优秀的演讲实况，并免费提供数量可观的高质量视频下载服务。他们会把最佳演讲的视频（多格式）上传网络，供人们在线观看或下载。目前 TED 网站上已有好几百场的演讲视频可供下载，其数量每周还在不断增加。TED 网站所提供的视频，无论视频本身的效果还是演讲的质量，都令人极为满意。TED 真正发扬了概念时代的精神：分享、无私、简化。你的思想如果能被更多人知晓，毫无疑问，你的想法将变得更加强大而有力。由于 TED 提供高质量免费视频，所以对那些演讲的人而言，TED 网站已成为拥有丰富资源、影响力不容小觑的网站。

TED 网站是一个极好的资源库。网站上所有的演讲视频都有不同语言的字幕可供选择，还有不同语言的演讲文案供你参考。

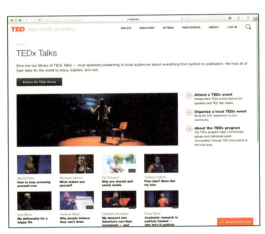

世界各地都有许多精彩的 TEDx 活动，而这些活动的视频都能在 TED 网站上找到。

汉斯·罗斯林：卓越的医生、教授和演讲者

汉斯·罗斯林（Hans Rosling）是瑞典卡罗林斯卡医学院的国际健康教授，也是能够通过有意思的形式展现统计数据的禅宗大师，更是 Google Gapminder 这款免费可视化软件的开发者之一。罗斯林通过使用联合国的统计数据，展示了世界近年来所经历的变革，让人们明白我们身处的确实是一个不断变迁的世界。TED 网站上有几个视频展示了罗斯林的演讲才华。一般来说，演讲者不应该站在屏幕和投影仪之间，因为那会挡住幻灯片上的内容。但是如你所见，罗斯林有时会选择走到屏幕前面，就像他亲身融入数据之中。他通过这种方式，更好地激发观众对数据的好奇，以及引起观众对数据蕴含意义的关注。

汉斯·罗斯林博士对数据的激情以及颠覆传统的理解，让他的演讲更加生动。照片由 Stefan Nilsson 拍摄。

罗斯林博士的努力已经被数百万人见证，也将持续影响更多人。罗斯林博士多年来激励了不计其数的专业人士，他清晰地展示数据和模型，他的演讲总是真诚、完整、清晰。他不仅是一位杰出的统计学家、医生和学者，也是一位卓越的演讲者和讲故事的人。

罗斯林博士的理念，通过他的儿子奥拉·罗斯林（Ola Rosling）和奥拉的妻子安娜·R. 朗伦德（Anna R. Rönnlund）的努力得以延续。他们在 Gapminder 网站上继续追求更基于事实、更理性的世界观的梦想。而 Gapminder 这款软件，更是十分珍贵的资源。

汉斯·罗斯林博士在家准备他的演讲时，运用模拟和数字的视觉效果。照片由 Jörgen Hildebrandt 拍摄。

为什么时长很重要

我们在演讲中运用禅宗的理念，能让我们静下心来，关注此时此刻，全身心投入演讲。然而，对于普通观众来说，大部分都没办法进入平静且投入的状态。相反，他们可能正尽最大的努力去聆听你的演讲，但往往还会想着要处理职业和个人方面的各种问题。这是令演讲者非常头疼的问题。就算是非常简短的演讲，观众也几乎无法做到完全专注我们的演讲。有研究表明，观众的注意力在 15 ～ 20 分钟后就会开始大打折扣。而实际经验告诉我，现实中可能比这还要短。比如，大多数公司 CEO 实在没办法长时间集中注意力听你的演讲。因此，学会控制演讲的时长是一项非常重要的能力。

虽然每次演讲的实际情况都不一样，但一般来说，演讲的时长越短越好。既然如此，为什么还有那么多的演讲者超时演讲呢？有时候演讲的内容和观点都已经被完整讲清楚，但他们还是不愿意提前结束演讲。这可能与我们长期以来接受的教育有关。至今我仍然记得大学教授在课堂写作考试之前提醒我们："记住，写得越长越好！"导致作为学生的我们，总是认为 20 页的论文获得的分数会比 10 页的论文分数要高；认为一场时长 1 小时、包含 25 页全是密密麻麻文字的幻灯片的演讲，会比时长 30 分钟、包含 50 页高度可视化的幻灯片的演讲要好。这种老式的思维方式，扼杀了我们的创造力和智慧，也抑制了思考的宽度和深度，使我们的表达能力得不到提升。就是因为这样，我们才会把这种"多多益善"的思维带入我们的职场。

"八分饱"原则

日本人有一种养身之道，叫作"八分饱"原则。顾名思义，就是指吃饭吃到八分饱就足够了。这是个很好的养身方法，实施起来也很简单。

"八分饱"原则其实也可以在演讲、汇报甚至会议中运用。我的建议是：无论给你多少时间，绝对不能超时，并且最好在规定时间快到的时候提前一些结束。当然，你讲多久将取决于具体情况，但是最好控制在规定时间的 90% ～ 95%。没有人会因为你提前几分钟结束而抱怨，相反，如果你的演讲超时，他们极大可能会因此发牢骚。

饥饿式演讲

专业的表演者懂得，演出要以精彩的高潮结束，让观众意犹未尽、渴望再看一次。我们要让观众感到满足，激发他们的热情，给他们灵感和新知识，而不是让他们觉得少一些也没关系。

我们也可以将这种理念应用到我们的演讲中——尽力为观众提供高质量的内容，但内容不用太多，时间也不必太长，避免他们在演讲结束后感到身心疲惫。

这张幻灯片展示了我在东京旅行时买的一盒常见的日式便当（在车站出售的特别盒饭）。日式便当的特点是：简单、诱人、实惠。它没有花里胡哨的装饰，但处处考虑到旅客的用餐体验。我通常会花 20 ～ 30 分钟时间来品尝它，随后它给我带来的是满足而不是十分饱的感觉。这会让我感觉我还能再吃一盒，但事实上我觉得没有那个必要。因为我很享受享用这份便当的过程，如果要吃到十分饱的话，或许只会破坏我用餐后的满足感。

不必要的话语和词汇，只会让人的思考变得混乱。

——西塞罗（Cicero）

本章要点

◎ 在演讲中，扎实的内容和逻辑结构固然重要，但演讲者也必须与观众建立联系，而且要从逻辑和情感两个方面吸引观众。

◎ 如果演讲内容值得分享，那演讲者应该带着热情和活力开展演讲。或许每一次的演讲情况不同，但不管怎样，绝对不能让观众觉得无聊。

◎ 在演讲中，演讲者要让观众感受到演讲热情。

◎ 运用"出击五式"，做一个完美的开场，通过个性化、意想不到、新奇有趣、挑战权威和诙谐幽默这五个技巧，从一开始就与观众建立稳固的联系。

◎ 演讲者要在演讲中展示得体的穿着、自信而有目的的移动、良好的眼神交流、交谈式风格的谈吐，以及洪亮的声音。

◎ 演讲尽量不要朗读幻灯片或者依赖笔记。

◎ 记住八分饱原则，让观众得到满足并且意犹未尽，这总比让他们听太多内容而感到身心疲惫要强得多。

第 10 章

对参与的需求

　　我们常说，能打动观众的演讲才是优秀的演讲。评价一个好老师，其中一项也包括老师在讲课时能否吸引孩子的注意力。无论是否使用多媒体手段，吸引人和打动人都很关键。但是，如果你问一百个人什么叫吸引人、打动人，会有一百种答案。我认为，无论是什么主题，吸引人、打动人的根本是要触及和调动观众的情感。这一点是关键，但却经常被人忽视。它关乎的是演讲者的情感表达，以及真诚的表达方式。在大多数情况下，所谓"吸引人、打动人"指的是调动观众的情感，使他们以某种方式参与演讲。

　　演讲中的逻辑性是必要的，但仅有逻辑性是远远不够的。我们必须调动自己的右脑，或者说有创意的那部分大脑。《职场秘密语言》（*Why Business People Speak Like Idiots*）一书的作者说道：

　　"在商业世界中，我们的本能是以使用左脑为主。我们建立观点，使观众服从于一大堆事实、数字、历史曲线图和逻辑……只是，这些事实依据总是与真实的你背道而驰，违背你的经历、情感或者认识。结局也许并不公平——事实一方每次都输。"

　　这的确不是我们希望看到的结果。观众会带着自己的情感、经历、偏见和固有观念聆听演讲；当这些和演讲者提供的数据和事实不匹配时，他们就会质疑。我们不能简单地认为数据本身就可以说明什么问题，哪怕它们在我们看来多么有说服力。也许我们拥有最好的产品或进行了严谨的调查，但是如果用枯燥、乏味的幻灯片来呈现，也不会令观众信服。最优秀的演讲者能够通过调动观众情感打动他们。

情感与记忆

在演讲中触动观众的情感，可以吸引他们的注意。如果你通过讲述一个相关的故事、展示一张出人意料的图片或者一条令人惊讶（伤心或者感人等）的数据成功地调动了观众的情绪，那么演讲的内容会在他们的大脑中留下更深的印象。当你的观众感到情感波动，大脑边缘系统中的杏仁核会向人体释放多巴胺，后者非常有助于记忆和信息处理。

如果你是一名销售人员，试着问问自己你真正销售的是什么。不是这个产品的某个功能，也不是这个产品本身，而应该是这个产品为客户带来的体验以及相关的情感。比如，你销售的是山地车，那么在宣传时，你会重点阐述山地车的功能还是在骑山地车时的体验呢？生动的故事和例子能够调动观众的情感，引起他们的共鸣。

镜像神经元

镜像神经元是大脑中的一类神经元，它会在人们做某事或者观看他人做相同事情时发生作用；尽管你自己没有动，却好像有与你的观察对象同样的举动。当然，看别人做和自己做是两回事，但就人类的大脑而言，两者之间具有极为密切的关联。

镜像神经元或许与共情有关。共情是一项重要的生存技巧。研究发现，当一个人正在经历某种情感，而他发现其他人也在经历同样的情感时，在这两种情况下，其大脑的同一片区域会变得同样活跃。但凡看到他人表现出热情、欢乐、焦虑等情绪，研究人员认为镜像神经元会将这些信息传递给控制情感的大脑边缘系统。从某种意义上说，大脑中存在一个感知他人大脑思想的地方，它能够感知他人的感受。

不是事物本身……

是一种体验

我在一次关于市场营销的演讲中使用了这两张幻灯片，提醒人们重新思考他们销售的到底是什么，是一件物品还是与之相关的体验。图片来自：Stockphoto 网站。

如果我们具有感知他人感受的本领，那么在我们聆听疲倦不堪和心不在焉的演讲者讲话时也会感到同样无聊和乏味，哪怕演讲内容对我们有帮助。你是否有过这样的体会：当看着演讲者站在台上面无表情地重复抽动嘴边的肌肉讲话时，你也会同样感到身体僵硬和不适。演讲内容固然重要，但是使观众感同身受也同样意义深远。再出色的内容配上再完美的幻灯片，如果缺少情感的投入也称不上成功的演讲。如今，仍有相当多的人使用过于正式、静态和教条式的方法进行演讲；这种演讲方式抛弃了视觉要素，包括通过移动和情感流露传递的视觉信息。生动而自然的情感流露会丰富我们的论述，因为这会使观众无意识地感知我们的感受。当你充满热情时，只要这种热情被认为是真实的，大多数人也会回应这种热情。我们的数据和证据固然重要，但投射出的真实情感也会或好或坏地对观众最终接收和记忆的信息产生直接而强烈的影响。

微笑的力量

微笑可以感染人，但不能装笑或者强笑，因为人们可以辨别你的微笑是否真实、是否发自内心。实际上，已有研究表明，如果你的微笑并不真诚，观众就会认为你是一个不可靠或者虚伪的人。马丁·塞利格曼（Martin Seligman）在《真实的幸福》（*Authentic Happiness*）一书中，将微笑分为了两种类型："杜乡的微笑"和"泛美式微笑"。杜乡的微笑指发自内心的微笑，表现为面部和眼部周围肌肉的运动，可以通过观察眼角的皮肤来辨别微笑的真实性。而泛美式的微笑是假笑，体现为主观上故意的嘴角上扬，多见于服务行业的礼貌性微笑，人们只是尽自己所能却并非发自内心。

我们都能分辨他人的微笑是否发自内心。但是，如果演讲者或者表演者看上去很享受，并且很高兴为观众演出（事实上确实如此），那么就会自然地打动观众，并与他们建立沟通。因为真实的微笑已将那种心情体现得淋漓尽致。既然观众可以感知演讲者的感受，为何不使他们感到更加舒适和自然呢？你可能在想观众只要记住你说的话就好了，殊不知观众能记住更多——他们所看到的你的面部表情，以及他们的感受。

来自皇后乐队"Live Aid"演唱会的经验

　　2005 年，根据英国第四频道特别节目"世界上最伟大的演唱会"进行的一项调查，皇后乐队在 1985 年的"Live Aid"演唱会上的表演，被票选为有史以来最佳的现场表演。如今，特别是在 2018 年奥斯卡获奖影片《波希米亚狂想曲》（*Bohemian Rhapsody*）中，由于奥斯卡获奖演员拉米·马雷克（Rami Malek）（在影片中扮演佛莱迪·摩克瑞）的精彩演技，佛莱迪·摩克瑞（Freddie Mercury）重新进入人们的视野，这场表演再次受到大众的关注和怀念，人们仍普遍认为这 21 分钟的演出是有史

以来最伟大的现场摇滚表演。皇后乐队表现得非常出色，而正是佛莱迪对演出全身心投入，使得这场表演成为摇滚历史上最难忘的一场。在那一天，佛莱迪·摩克瑞为我们上了一堂关于参与感和存在感的大师级课程；虽然是通过摇滚乐的方式，但仍然为我们提供了宝贵的经验。

准备是关键

在当时来讲，皇后乐队只是众多知名乐队中的一支，而且他们最后一分钟才被加入"Live Aid"的表演名单里。皇后乐队本可以只是随便走走过场，但显然，他们经过精心排练，为这个特别的场合做了充分的准备。同样的道理，在演讲中做好充分的准备，可以让你放松下来，从而全身心投入演讲。

第一印象很重要

佛莱迪从幕布后面走出来，一路小跑到舞台前方，他满面喜悦，挥动着振奋人心的拳头，仿佛要让所有观众知道，他们才是这场演唱会的主角。如果你看表演的视频，你会注意到，佛莱迪在与观众互动后坐到钢琴前的时候，他露出了非常灿烂的笑容，这明显不是因为紧张而发出的，而是全身心投入并且很喜欢这一切的笑容。

保持简单

在过往的表演里，皇后乐队以独特的道具和豪华的现场装饰而闻名；但在"Live Aid"演唱会上，他们没有任何戏剧性的道具可以依赖，只有最基本的设备。在表演前的一次采访中，首席吉他手布莱恩·梅（Brian May）对温布利舞台的简约表示毫不在意，他说："在这场演唱会里，成功与否最终只取决于你是否真的会演奏。"甚至佛莱迪的衣服都极其简单——只有一条牛仔裤和一件白色的背心。

消除障碍

　　佛莱迪会竭尽所能接近观众，他不仅会走到舞台边缘演唱，还会在表演过程中不断向各个区域的观众挥手示意，极大地提高了观众的参与感。他甚至会跳下舞台，站在显示屏所在的平台上，以便更接近观众。显然，他重视的不只是第一排的观众，而是整个温布利体育馆里的所有观众。

让它成为一次共享的体验

皇后乐队的表演充满了愉悦感和参与感，这一点可以在佛莱迪的肢体语言上完美体现。在他们表演期间，随着佛莱迪一边挥动拳头和打拍子，一边唱出"Radio Ga Ga"；观众也高举双手，一起合唱，完完全全参与进歌曲里。而当佛莱迪与观众进行"Ay Oh！"互动的时候，不难看出他已经牢牢地抓住观众的心。这对我们来说非常有教学意义。在演讲中，我们得让观众参与进来；始终面向观众，充分利用场地特性，有目的地移动，不要总待在一个地方。

他们才是主角

"皇后乐队在'Live Aid'的演出值得每一个乐队学习，"戴夫·格罗尔说，"如果你真的觉得与观众之间的障碍已经消失，那你就能成为佛莱迪·摩克瑞。我认为他是有史以来最伟大的乐队主唱。"我经常说的一句话是："在这里我们不是主角，他们才是。"佛莱迪·摩克瑞就体现了这个理念，不管何种演出，总是以观众为主。佛莱迪在台下其实是一个非常安静、低调的人。但在舞台上，他是有史以来最吸引人的表演者之一。佛莱迪·摩克瑞的表演提醒我们，要始终将观众放在第一位，尽我们所能消除与观众之间的障碍，让观众参与到表演中，而这将会激发出强大的力量。

激发他们的好奇心

著名的物理学家加来道雄（Michio Kaku）说过："我们生来就是科学家。"他的意思是我们生来就是充满好奇的生物——这是我们学习的方式。展现你的好奇心，并激发他人的好奇心是吸引他人的有效方法。一场好的演讲可以点燃和激发好奇心，相反，糟糕的演讲也会扼杀好奇心。如今，大多数商业演讲都无法成功地激发观众的好奇心，理由很简单，它们太枯燥乏味。

日本著名脑科学家茂木健一郎（Kenichiro Mogi）说："我们需要一直保持孩子般的

好奇心。一旦忘记对事物产生好奇，我们便失去了最珍贵的东西。在当今，好奇心是帮助我们成长最重要的特质。"最出色的演讲者和教师是那些能在他们所讲的主题中展现好奇心和表现热情的人。富有强烈好奇心的人能够感染他人，培养属于自己的好奇心。好奇心无法作假，最优秀的教师能够引导、激发和培养每位孩子的好奇心。最杰出的演讲者不惧怕展现自己无拘无束的好奇心，以及对周遭事物的热情。

好奇心具有感染力

利用具有感染力的好奇心呈现重要信息的一个最好的例子来自瑞典医生汉斯·罗斯林。他使用 Gapminder 软件呈现数据的方式很直观，带给人震撼的感受。他通过讲话方式展现出强烈的好奇心，达到了吸引观众的目的。他会充满激情地说：

"你们看到了吗？

请看这里！

这太神奇了！

接下来会发生什么呢？

难道你不感到吃惊吗？"

汉斯的这些话能够吸引观众的注意。他通过可视化工具将数据形象生动地显现出来，并且在故事中呈现信息，以此激发观众的好奇心，使自己的演讲更通俗易懂。汉斯也以独特的冷幽默而出名，这也是与观众进行情感交流的一个最有效的方法。

人们已经沦为他们手中工具的奴隶。

——亨利·戴维·梭罗

（Henry David Thoreau）

参与感靠的不是工具

许多人喜欢谈论技术，似乎它们能使枯燥和无效的演讲"起死回生"。数字技术确实能在许多方面提高交流的质量和现场演讲的吸引力。尤其是通过电话会议、网络研讨会以及 Skype（即时通讯软件）等技术，我们能够与来自世界另一端的人们建立联系。但是，虽然技术在不断推陈出新，但人类对建立联系、互相吸引以及维系关系的基本需求却没有改变。如今，不少公司提倡使用声音以及动画等效果来抓住观众的注意力，对于这种说法应表示怀疑。使用过多的工具和特效通常只会造成观众注意力的分散。

日本电影制片人 Eiji Han Shimizu 创作了获奖影片《幸福》（*Happy*）。他在 2011 年 TED 东京大会的演讲中强调："并不是拥有的越多才使我们感到幸福，有意选择更少才是幸福之源，而这正是日本传统文化的核心所在。"他还说："娱乐、诱惑和消费所带来的盲目快感无法产生真正的幸福。"同样地，这种道理也可以应用于当代演讲技术和数字工具时代；有太多人正在接受大量的软件特效、技巧、诀窍，并误以为它们是"进步"和获取"吸引力"的方式。随着越来越多的数字技术工具变得容易获得，只有下意识地选择更少的工具，才能真正把演讲做得吸引人，从而创作出成功的演讲。

消除交流障碍

一般来说，我不喜欢站在讲台后面做演讲。的确，讲台的存在自有它的用处，有时我们没办法不使用它。但是在几乎所有的演讲场合中，讲台仿佛是一堵墙，一堵将演讲者和观众分隔开来的墙。

讲台可以让演讲者看起来有威严和权威，这就是政治家喜欢站在它后面讲话的原因。如果你的目标是让自己看起来更有公信力，那么讲台可能适合你。但对大多数会议主持人、教师、销售代表来说，他们最不希望出现的情况，就是站在墙的一侧与墙另一侧的观众进行隔空对话。另外，讲台通常被放置在舞台的边缘或者角落，在这种情况下，你站在讲台后面，幻灯片就变成视觉焦点；反而作为演讲者的你成了配角，存在感大大降低。所以，只要你离开讲台，走到演讲场地的中央位置，观众就可以同时看到你和幻灯片屏幕，这个位置是观众注意力最集中的地方。

可能你会觉得，在讲台后面进行演讲，声音听起来是差不多的，幻灯片的多媒体播放起来也是一样的，不会造成什么影响。但事实上，效果差多了，因为你和观众之间的沟通桥梁被阻断了。想象一下，如果你最喜欢的歌手站在舞台角落尽情歌唱，这是多么荒谬的画面。再想象一下，如果乔布斯使用相同的幻灯片和视频片段，穿着相同的牛仔裤和黑色高领衫，但唯独不同的是他不在舞台上四处走动，而是站在讲台后面进行演讲。整体看起来可能没什么区别，但是与观众之间的沟通联系已经被讲台阻隔了，观众的参与感就会大大降低。

总的来说，讲台其实可以说是一个历史悠久的工具。实际上，在某些情况下还是有它的用武之地的，比如，在正式的庆典上，有多个演讲者要轮流上台发言，这个时候舞台中央就需要有一个讲台，因为讲台很契合这种大型庆典的调性。但如果观众来参加你的演讲，目的是从中学习到知识、得到激励和鼓舞，你就必须竭尽所能拆除所有立在你与观众之间的"墙"（字面意义上的和比喻中的）。或许一开始你会产生恐惧，但只要你不断实践和努力，就可以克服这些恐惧并看到自己提升的地方。

这是一个常见的场景。在这里，演讲者和观众之间有三层障碍：一是讲台，它几乎挡住了演讲者的整个身体；二是电脑，它是个小障碍，发光的屏幕会吸引你去看它，从而忽略了与观众的眼神交流；三是距离，讲台通常距离观众很远，演讲者站在讲台后面只会产生距离感。所以，你要努力推倒这些"墙"，尽量靠近你的观众，让他们尽情参与到你的演讲中来。

重新审视：乔布斯的演讲经验

2011 年 10 月 6 日清晨，我坐在日本家中餐厅的柜桌旁喝着咖啡，打开广播想听一下当天的天气预报。不料，广播里传来了一条来自美国的特别报道：史蒂夫·乔布斯去世了。我的心情一下子沉入谷底。

在苹果公司工作期间，除了与乔布斯有几封电子邮件的往来和在咖啡厅里偶尔几次打招呼以外，我几乎没有直接与他接触。但是，我仍然为他的去世感到难过。要知道，当初我正是被他与观众建立联系的沟通能力吸引，才进入苹果公司工作的。在这些年里，虽然我阅读了大量公开演讲和演讲方面的书籍，但是乔布斯的演讲技巧是至今让我受益最大的。

我观看了 1997 年以来乔布斯做的每一次主题演讲，虽然我在之前的章节谈到一些乔布斯在演讲方面带给我们的启示，但在这里我想汇总一下他带给我们的最珍贵的启示。

使用幻灯片的时机

对大型主题演讲或会议来说，多媒体是必不可少的工具，但当你在会议中需要就某个问题进行讨论或者详细探讨某些细节时，幻灯片——尤其是项目符号点式幻灯片就不是一个最佳的选择，往往还会起到适得其反的作用。在苹果公司，大家都知道乔布斯痛恨在日常开会时使用幻灯片。"我讨厌人们使用幻灯片来代替自己的思考，"乔布斯在对传记作家沃尔特·艾萨克森谈到自己 1997 年回到苹果公司的开会情形时说，"人们做幻灯片只为说明自己遇到了问题，我希望他们参与进来，把问题抛出来，而不是给我们看一堆幻灯片。那些知道自己想说什么的人根本不需要幻灯片。"

乔布斯更喜欢使用白板来解释自己的想法，并和大家一起讨论问题。在大堂中做主题演讲（如 TED 大会等）和在会议室开会有着巨大的差别。大多数有成效的会议，都在讨论问题和解决方案，而不是放几张幻灯片。而在较多观众面前演讲时则需要使用多媒体。下面的一些小贴士都是针对在大型会场里对一大群观众所做的演讲而言的。

在舞台上，多媒体不一定是必要的

如果你想给自己营造一种融洽的演讲氛围，那么你可以考虑直接在舞台最靠近观众的地方放个凳子，然后就在那里给观众讲讲你的故事。我见过几次乔布斯向员工发表讲话的场景，当时他并未使用多媒体，而是坐在舞台中央的凳子上，要么做报告，要么接受现场提问，就像与观众正常聊天一样。虽然我喜欢使用多媒体辅助，但有时候也要看演讲的场景是否需要和是否合适。

清晰与专注

在准备阶段，你必须毫不留情地从你的演讲中剔除多余的内容，无论是文字内容还是视觉效果。失败的演讲，其问题就在于内容没有进行细致的策划，缺少明确的主体思想，这是用再好的视觉效果和展现形式都无法弥补的缺陷。乔布斯在面对几乎所有的商业事务，包括他的演讲的规划，都能保持高度的专注。正如乔布斯在谈论产品时所说，专注意味着你经常需要对你面前的事情说"不"。你不能在演讲中涵盖所有你想讲的内容，要鼓起勇气剔除非必要的部分。大多数失败的演讲之所以失败，是因为它们包含了太多的信息，让观众陷入混乱。

与观众建立联系

在演讲时，乔布斯喜欢在台上走动，他时刻面带着微笑，不拘谨、很自然，表现得自信又谦虚，而且十分友善（当与公司内部员工们开会时，他可不是这样的）。人们容易被自信的人吸引，但注意这种自信不能过了头而变成自大。他在台上自然的举止、与观众的眼神交流以及友善的态度，使其与观众建立了亲密和谐的联系。

让他们了解你要讲什么

虽然没有必要特意在一张幻灯片上面列出演讲的议程，但是要让观众了解你对演讲的安排，比如如何展开、将谈论哪些主题等。乔布斯通常的做法是，简短友好地与观众打个招呼后就直接开题："我们今天要谈四点内容。下面我们开始吧。第一个话题是……"他经常把自己的主题分成三四个部分来阐述。

展示你的热情

也许你需要克制一下自己高涨的情绪，但是大多数演讲者的问题是缺乏足够的热情——不是太热情，而是太不热情。每一场演讲都是独一无二的，而热情会使其更独特。上台不到几分钟，乔布斯就会在自己的演讲中加入"令人难以置信""太棒了""太神奇了"以及"革命性"等词语。也许你并不同意他的观点，但他对自己所说的内容深信不疑。他是真诚和真实的。我在这里并不要求大家达到乔布斯同样的热情程度，而是要把自己对工作真诚的热情展现给整个世界，秀出自己的风格。

积极、乐观、幽默

乔布斯是个严肃的人，但他在每次演讲时因为信任自己的内容而显得积极和热情。即便在困难时期，他也表现得兴致高涨、态度积极。你只有在完全相信自己的内容时才能显露这些情绪，否则你将卖不出去自己的产品。乔布斯也懂得诙谐和幽默，但这并不意味着就是在演讲中讲笑话这么简单。他的幽默比较微妙，懂得运用相关的嘲讽来引人发笑，这种方式对于观众具有很强的吸引力。

重要的不是数字，而是其含义

科技公司的商业演讲不同于大会上的科学演讲，但是有一点是相同的，即重要的不是数字本身而是其背后的含义。例如，你的胆固醇为 199 毫克每分升，达到了国民的平均水平，这算偏高还是偏低？"平均"水平意味着健康吗？参照对象是什么？当史蒂夫·乔布斯在演讲中谈到数字时，他会将其分解。例如，当他讲到 iPhone 手机的销量达到 400 万台时，他会将其换算成自上市以来"每天售出 2 万台"。数据本身并不能说明什么，但是其背后的含义在经过他的一番对比后就会显现出来。在演讲中讲到数字时，要问问自己，它的参照对象是什么。

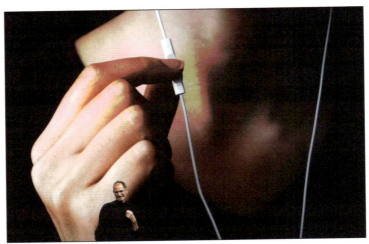

在史蒂夫·乔布斯的演讲中从不缺乏令人震撼的高质量图片。

乔布斯利用空白的屏幕来达到与震撼的图片平衡的效果。你也可以在幻灯片演讲中使用空白的幻灯片，这样观众的目光就会集中在你身上。

使其可视化

乔布斯使用大银幕和高质量的大幅图片展示演讲。他选择的图片很清晰、专业，也很独特，并不是来自某个模板；图表、图形简洁美观。在他的演讲中绝不会出现所谓"要点式内容"。他更多使用大屏幕来呈现视觉效果，只会偶尔展示简短的文字内容。他呈现数据的方式往往能令数据背后的含义变得清晰明了。不是每次演讲都要用到图片或视频，但是如果你使用了这些元素，就一定要使用高质量的。

引入一些意想不到的事物

尽管人们事先知道乔布斯在演讲中会介绍一些新事物，但他每次仍会让观众感到惊喜。人们喜欢惊喜的感觉，喜欢让他们发出"啊"声感叹的所有事物。大脑对新奇和出人意料的事物特别敏感。

变换方式，控制节奏

乔布斯善于使用各种技巧来调节和控制演讲时的节奏和速度。在演讲时，他不会在同一个位置站着不动；相反，他时而播放短片、展示图片和数据，时而讲述故事和邀请其他演讲者，充分利用了演讲现场的硬件设备和软件。花一两个小时谈论某些信息对观众和演讲者本人来说都是件枯燥的事情。如果演讲内容主要是产品信息和新功能的话，向观众发放讲义的方式则会更加高效。

控制演讲时长

乔布斯从不在演讲中展示无关紧要的细节，而是直接切入自己的主题；因为他清醒地意识到演讲时间不能太长的道理，必须快速且直接地呈现自己的观点。如果无法在20分钟内解释清楚主题为何重要、有趣或有意义的话，这表示你对主题理解得还不够充分。在确保演讲内容有意义的前提下，尽量缩短演讲时间，当然具体还要视不同情况而定。关键是不要往观众的脑子里塞内容，而是带给他们意犹未尽的感觉。

乔布斯展示数字时，都把它们设置成超大字体，令人过目难忘。这张照片拍摄于 2008 年的旧金山苹果大会，他向观众宣称："自 Mac OS 10.5 版操作系统发布以来，已卖出超过 500 万份。"照片来自 David Paul Morris/iStockphoto.com。

乔布斯总能很好地利用图像来比较和对比特性。在这张照片中，他在 2007 年旧金山的苹果特别活动中介绍了新推出的 iPod Nano。照片由 Justin Sullivan 拍摄。

最好的留到最后

人们会在演讲最开始的两分钟内评估你的表现，因此做好开头很重要。但是结尾更重要。对观众来说，一场演讲中留给他们印象最深刻的便是开头和结尾部分；中间部分固然重要，但是一头一尾没有做好的话就会"满盘皆输"。这就是我们不断排练演讲的开头和结尾的原因。乔布斯以其"最后一点"而著名，他往往把它放在演讲结束前作为压轴。

乔布斯经常谈到改变世界的话题，而他在短短的 56 年生命中确实改变了世界。他对于细节、简约和美学的执着精神，为技术、商业和设计等领域树立了标杆。同时，他也在演讲领域树立了标杆。他是一个机智聪慧的人，更是一位真正的大师、真正的老师。

靠近观众

在世界各地授课和演讲的 20 年的经验告诉我，演讲者与观众的距离以及观众间的距离对于能否吸引观众和使得演讲变得更有成效具有重要的影响。空间对非语言交流和吸引力具有重要的作用。人与人之间的距离受国家文化的不同而不同。但是，想要吸引观众，就意味着要尽可能地靠近他们，或者使观众间的距离缩小。在被客观条件限制的情况下，基本原则便是：（1）缩小我们与观众间的距离；（2）使观众与观众更加靠近，但要保持适宜的个人空间；（3）去除你与观众以及观众间的障碍物，从而缩小距离，无论这种距离是有形的还是无形的。所谓无形的距离，主要是因为使用了不恰当的语言，包括使用了正式语、行业术语等。同时，技术如果使用不当，也会造成无形的距离感，减少演讲对观众的吸引力。在这些情况下，再近的物理距离也无济于事。

使用遥控器

我看过很多聪明的人做演讲，但很奇怪，他们大部分都不怎么会用遥控器来控制幻灯片的播放（仿佛他们以前从来没用过一样），甚至根本不用。即使是在科技发达的今天，还有很多演讲者站在电脑旁边，一边演讲一边按键盘翻页。另外，有些演讲者喜欢走到演讲场地的不同地方演讲，但每隔几分钟就回到电脑那里切换幻灯片，反复如此。

控制电脑和幻灯片的遥控器虽然不是昂贵的设备，但在演讲中是必不可少的。使用遥控器切换幻灯片，会大大提升演讲效果。它能让你摆脱电脑的束缚，可以在台上随心走动，方便你与观众建立更紧密的联系。

当我们时不时低头操作笔记本电脑来翻页时，我们的演讲就变味了，变得更像是一场你当旁述的幻灯片展示，这跟我们的长辈用老式投影仪投影他们钓鱼的高光时刻没有什么区别。想想就觉得枯燥无味。

在大型会议厅里，通常会在舞台前方或观众后方放置一个大屏幕（类似于提词器），方便提示演讲者目前幻灯片正在播放的内容。但如果没有大屏幕可用，你可以将与会议厅的投影系统连接的电脑放在舞台前方的低处，这样也可以达到同样的效果——无论你站在舞台上的哪个位置，都可以轻松地看到电脑，而且不会干扰观众的视线。

在这个场景里，电脑没有放在侧面的讲台上，而是放在舞台中央，相当于我专属的屏幕，但不会影响观众的视线，他们只会把注意力放在我和我身后更大的屏幕上。

这个东京的办公室场地后方有一个大屏幕，所以此处不需要再单独设置一台电脑作为我的专属屏幕，它只要被放在角落，保证幻灯片正常放映即可。不管我走到哪里，我都可以面朝观众，保持与观众的眼神接触，同时始终知道我身后的幻灯片正在播放的是哪一页。

请记住，你在演讲中使用的技术对观众来说要尽可能无形化。如果使用恰当，观众甚至不会知道（或者在乎）你使用的数字化工具到底是什么。但是，当你把双手放在电脑键盘上，目光不停地在电脑屏幕、键盘和台下观众以及投影仪的幕布间移动时，你的演讲就成为观众们所抱怨的最典型的那一类。

如果你的演讲中除了要用电脑播放幻灯片，其他操作还需要用到电脑，那么偶尔走过去运行某个程序，展示某个网站也无妨。但是，当你不再需要电脑时，就不要站在电脑前。

你所需要的仅仅是一个带有基本功能的小型遥控器。我更喜欢带有最精简功能的遥控器。你可以购买那些能被当成鼠标在屏幕上移动光标以及带有其他强大功能的遥控器，但它们本身体积较大、容易招惹注意。你所需要的遥控器，实际上只需要具备前进、后退和使屏幕变黑的功能，就这么简单。

使用 B 键

如果在演讲中用到幻灯片，遥控器中最有用的键就是 B 键了。按下 B 键，屏幕就会变成黑屏。按下 W 键，就会出现白屏。你甚至可以在自己幻灯片的几个节点中插入几张黑屏页，把观众的注意力从屏幕上移开。比如，在演讲期间发生了讨论，而幻灯片上的图片会产生小小的干扰。这时把屏幕切换为黑屏，也就关闭了干扰源，使观众们把注意力集中到你以及讨论中来。当讨论结束、进入下一个话题时，再次按下 B 键（大多数遥控器都有这样的功能），屏幕画面回到之前的节点，演讲继续往下进行。

屏幕变黑的时候，所有的注意力会集中在站在中央的演讲者身上。当然你可以在设计你的演讲时加入空白幻灯片，来创造这种注意力集中的时刻。但你也可以在任何时候，通过按下你电脑（或遥控器）上的 B 键来让屏幕变暗。这招十分有用，特别是你想与观众对话题开展深入讨论，但又不想被幻灯片上的内容干扰的时候。

不要关灯

如果你想吸引听众，就应该让他们时刻都能看到你。因为你的眼神及面部表情能帮助他们更好地理解你传达的信息。你的用语、语气以及其他视觉信息都会成为他们理解的线索。视觉信息非常重要，如果观众无法看到你，即使他们能看到屏幕，但你在演讲中所传递的很多丰富的信息也会丢失。所以，尽管关灯能使幻灯片中的图片看上去效果更好，但是让演讲者站在灯光下更重要。你可以只关掉一部分灯，保持一点光亮。如今的投影技术越来越先进，就算让会议室里的灯全开着也不会使投影效果受影响。会场往往也能提供高级的照明设施，为演讲者打光。不管你在何种场景下演讲，一定要确保周围有足够的灯光。只闻其声不见其人，这种做法是吸引不了观众的。

在日本，如果在公司会议室里做演讲的话，通常的做法是把全部或大部分的灯关了。演讲者往往会坐在桌子旁边或后面的位置操控电脑播放幻灯片，而观众们则盯着屏幕听着他们描述所演示的画面。这种做法在日本十分普遍，已经成为一种惯例。但我认为这种做法无法获得良好的演讲效果。观众如果能够一边看着演讲者，一边聆听其演讲，那样他们更容易理解演讲的内容，从而使演讲的效果更为理想。

如果你把房间里的灯光全都关掉，然后从房间后面投射光源进行演讲的话……

……你的观众马上就会变成这种状态。

如何得知是否打动了观众?

如果你的演讲真正吸引了某人,你可以唤醒其内心的某些事物。在第 8 章介绍过的本杰明·赞德就是唤醒他人——学生、同事和观众等的大师。而这也正是他极力要求我们去做的。如果无法唤醒一个团队或公司甚至是国家内在的力量,还谈何优秀的领导者? 如果无法激发学生内心的潜力,还谈何优秀的老师? 如果无法唤醒孩子内心的种种可能性,还谈何优秀的父母。显然,不是每一场演讲对人都有振聋发聩的影响,但是至少要使他们有一点小小的改变;这就要吸引他们,唤醒他们对自身可能性的追求。

本杰明问:"那么如何知晓演讲是否触动了学生或观众呢?"答案是:"看他们的眼睛。如果他们的眼睛闪着光,你就做到了。"他还提到:"如果观众目光无神,你就要问自己:'为什么他们的眼神呆滞呢?'"在与孩子、学生交流时也是一样的道理。对我而言,我会问自己一个很重要的问题:我没在他们的眼神中看到与我的交流,这是为什么呢?

如果他们的眼睛炯炯有神,你就知道你的演讲触动了他们。

——本杰明·赞德

本章要点

◎ 想从情感层面打动观众，那就让他们参与进来。

◎ 不要关灯，让观众始终能看见你。

◎ 排除你和听众之间的任何障碍，比如不用讲台。

◎ 使用无线麦克风演讲，以及用遥控器切换幻灯片，这样你就可以自由地走动。

◎ 保持积极乐观、幽默的态度，与观众建立紧密的联系。你必须相信你的内容，否则你无法让人信服。

展望篇

第 11 章

新征程

开启演讲之旅

很多人都想快速提升自己的演讲能力，成为一名优秀的演讲者；但这样的捷径并不存在。提高演讲水平是一个旅程，在这个旅程中，虽然当今的先进技术手段为我们提供了很多提升演讲技术的方法，但成为一位优秀演讲者的第一步，就是学会用心观察那些我们过去习以为常、以为理所应当的做法，实际上这些做法并不是正确的。

无论你现在的演讲水平是怎样的，你都要相信自己一天比一天做得好，最终一定会成为一名杰出的演讲者。我坚信大家都能成功，因为我身边就有许多这样成功的案例。在和我一起合作过的朋友中，有许多都是职场的专业人士，不管是年轻人还是老年人，他们都认为自己并不是特别有创造力和魅力。然而，在接受了一些帮助和指导后，他们都逐渐成为极具创造力、口才高超、引人入胜的演讲者；他们在演讲时语言表达清晰，内容富有新意且吸引人。因此，相信自己，就一定可以做到。人一旦选择以开放的思想去看待事物，并摒弃陈旧思想，演讲水平的进步只是时间问题。有趣的是，当我那些同事逐渐成为更加自信且出色的演讲者时，他们的自信心以及所领会的新思想，同样对其个人生活和工作产生了积极的影响。

如何提升演讲能力

有许多方法可以帮助你成为一位优秀的演讲者和沟通者，无论你的演讲是否要用幻灯片做辅助，以下这些建议都能帮你提高演讲的效果。

阅读和学习

通过书籍、DVD 和丰富的网络资源，你可以获得成为一位杰出演讲者所需要的大部分知识。我在 presentationzen 网站上，推荐了许多与演讲设计、技巧相关的书籍、DVD 和网站。这些资源不一定都是直接教授演讲技巧或制作幻灯片的，但我觉得这些资源对提高演讲水平非常有帮助。比如，通过研究纪录片和电影大师的作品，你可以了解关于讲故事和使用图像的许多知识。再比如，编写剧本的书籍也能给演讲领域带来一些启示等。通过阅读各种不同的内容自学，你永远都可以在一些意想不到的地方学习到演讲方面的知识。

实践出真知

阅读和学习固然重要，但想要真正提高你的演讲水平（包括幻灯片的设计）的话，你必须采取实际行动，寻求一切上台机会，多做演讲、勤于操练，收获经验。如果你所在城市有 Toastmasters 演讲俱乐部，考虑一下成为他们的会员吧！更好的办法是搜索一下当地的 TED 活动（www.ted.com/tedx）、Pecha Kucha 之夜（www.pechakucha.org）或者 Ignite 活动（ignite.oreilly.com）。如果这些都无法在当地找到的话，那么你为什么不发起一个呢？在学校、公司或者用户团队里开展演讲活动，寻找一切能够通过演讲的方式分享你的信息、技能和故事的机会，从而为你的社区做出贡献。

发挥创造力

无论从事何种职业，保持和培养自己的创造力都是非常重要的。假如你忽视自己的激情或才能，那将是一种浪费。坦率地说，你可能根本不知道去哪里寻找灵感。但实际上，在你爬山、绘画、欣赏日落、写小说，或者和朋友一起在酒吧演出的时候，灵感可能已经悄无声息地在你脑海中出现了。

虽然我不再是全职鼓手，但我偶尔还会在大阪与当地的音乐家一起演出。对我来说，与其他音乐家朋友一起演出，以及和观众一起交流音乐心得，都能让我激发出更多灵感。要做一场优秀的音乐演出，关键不在于技巧；因为一旦你开始关注技巧，企图通过炫技给观众留下印象，这场音乐演出就注定会失败，这一点与做一场优秀的演讲是一样的。音乐演出成功的关键是情感上的投入。如果我从未从事音乐行业，我可能永远都得不到这些经验。自我写这本书的第 1 版以来，我教导我的孩子们学习乐器，帮助他们发掘创造力，我从中也受到了极大的启发。

走出自己的舒适圈

如果你一直待在自己的舒适圈，就很难获得进步。所以，请尽量走出办公室、学校或家门，多与人交流和沟通。真正的学习机会永远在舒适圈以外。试着挑战自己，挖掘你潜藏的创造力，寻找机会锻炼你的右脑。你可以试着参加话剧课程、艺术课程，或者参加一场研讨会、看一场电影、听一场音乐会等，或者单纯出去散散步，可能就能让你激发出更多的灵感和创造力。

身边都是学习的机会

我们能在一些意想不到的地方发现灵感并获得启迪。比如，我在往返公司的列车途中就学到了不少有关图形设计方面的知识。日本的列车准时快捷，车厢整洁舒适，里面通常挂有许多印刷广告，充分利用了车厢内的多余空间。我坐在列车上的时候喜欢观察那些悬挂着的广告，它们不仅可使我获得最新产品和活动相关的信息，也可让我了解图形设计的一些趋势。

如果你平时有仔细观察海报、横幅、路标等设计的习惯，你会发现可以从中学到很多基本的设计原则。我们通常会忽视它们，觉得它们本应该就是这样。但是，只要你走在街上，到处都是值得你学习和思考的地方。学海无涯，关键就在于你是否能细心观察。

内在的潜能

相信自己很重要，不要依靠科技或他人来帮你做决策。最重要的是不要受自己和他人的固有习惯的影响，它们有可能会让你在演讲的准备、设计和最终演示阶段做出错误的决定。要想避免这种情况，秘诀就是开放思维，以包容的心态观察你身边的事物。如果固守旧观念，就只会让我们原地踏步、得不到提升。如果想真正提高演讲水平，关键还是要有开放的思想和一颗包容的心，愿意并敢于学习和尝试，不惧怕犯错。提高演讲技能和改变自己陈旧观念的方法有很多。我真诚希望我提出的这些建议能对各位今后的演讲有所帮助。

结语

那么，该如何结束呢？答案是根本不存在结束，有的只是下一步要怎么做，且这完全取决于你。实际上，对许多人来说，学习演讲的旅程才刚刚开始。本书给出的只是一些简单的理念和想法，旨在帮助你提高演讲准备、设计和展示方面的技能。本书侧重于使用多媒体（幻灯片）进行的演讲，但其实并非每种情况都适合使用多媒体技术。如果你在下一次演讲中需要用幻灯片做辅助，那么，千万要记住克制、简约和自然的原则。最后，希望你能享受这趟幻灯片演讲之旅。

千里之行，始于足下。

——老子

加尔在世界各地旅行，同时用幻灯片进行演讲。他的主题包括在设计、沟通及日常生活中简约原则的应用。

加尔的"演说之禅"研讨会在全球很受欢迎，在其中你可以学到如何将克制、简约、自然三原则应用于工作中。

Thank You! - GR

更多信息请访问：
presentationzen 博客
有关演说及培训的问题可发邮件至
office@presentationzen.com